中 国 原 生 鱼
水 彩 绘

张国刚 彭作刚 张志钢 著

化学工业出版社

·北京·

本书依据野外采集和饲养的观测经历，遴选了 90 余种具有代表性的中国常见原生鱼类，通过精美的原创水彩画展示，结合短文介绍物种、饲养体验等方式，展示中国原生鱼的美艳和独特，让大家在鉴别鱼种、了解中国小型淡水鱼常识和体验互动乐趣的同时，领略中国原生鱼带给我们的美感和享受，倡导物种保护和人与自然的和谐。

图书在版编目（CIP）数据

中国原生鱼水彩绘 / 张国刚，彭作刚，张志钢著.
—北京：化学工业出版社，2018.11
ISBN 978-7-122-32877-9

Ⅰ.①中⋯　Ⅱ.①张⋯　②彭⋯　③张⋯　Ⅲ.①原生
动物-鱼类-中国-图集　Ⅳ.①Q959.4-64

中国版本图书馆 CIP 数据核字（2018）第 193675 号

责任编辑：刘亚军
责任校对：边　涛　　　　　　　　　　　　　　装帧设计：邵珍珍

出版发行：化学工业出版社(北京市东城区青年湖南街13号　邮政编码100011)
印　　装：北京东方宝隆印刷有限公司
787mm×1092mm 1/16　印张 12　字数 300 千字　2019 年 4 月北京第 1 版第 1 次印刷

购书咨询：010-64518888　　　　　　　　　售后服务：010-64518899
网　　址：http://www.cip.com.cn
凡购买本书，如有缺损质量问题，本社销售中心负责调换。

定　价：168.00元　　　　　　　　版权所有　违者必究

作者简介

张国刚

　　艺术家，原生鱼类爱好者，化石猎人，现为湖北大学艺术学院教师。2007 年开始野外采集并饲养原生鱼类，关注国内淡水水域现状，随后运用艺术方式进行表现和记录。2015 年出版绘本《野鱼记》，该书相继获 2016 年首届"大鹏自然好书奖"提名、2016 年第六届"中华优秀出版物奖图书奖"及 2017 年科技部"全国优秀科普作品奖"，2018 年入选第六届"少年中国"科技少年应读作品名录。新浪微博：@麦子张少爷。

彭作刚

　　博士，现为西南大学生命科学学院研究员、博士生导师。2005 年毕业于中国科学院水生生物研究所，获博士学位；2007-2009 年在美国佐治亚理工学院生物系从事博士后研究工作。主要研究方向为鱼类多样性、鱼类系统演化、鱼类进化基因组学，主持国家自然科学基金项目等课题多项，发表学术论文 60 余篇。

张志钢

　　两江网络创始人，《中国原生鱼》系列著作的组织实施者，专注于网络科技及大数据在中国自然物种数据方面的结合应用和发展。

序一

Preface

　　这是一本很特别的书，它的特别之处在于，在目前国内水生生物学领域内找不到完全类似的书籍。对于大部分科研工作者而言，职业素养的核心要求就是必须要严谨而认真地对待每一条枯燥且繁琐的数据。而在艺术领域则更多追求的是灵感的获取和创作。艺术领域的感性和科学研究的理性，似乎天生就有相互排斥的一面，难以调和。

　　而这种"感性和理性的相互排斥"在这本书里得到了有机融合，迸发出使人耳目一新的火花。看着自己日常接触和研究的对象——中国的鱼类，被湖北大学张国刚老师用自己娴熟的画技精心绘制，色彩鲜艳、生动灵活地跃然纸上，内心的激动和兴奋难以尽述表达，同时张国刚老师对鱼类学的科学素养，让人感叹之余亦使人钦佩。

　　负责科学数据描述的西南大学彭作刚研究员，是中科院水生所走出来的博士，也是我的学生。这次他能跨界参与到非传统学术领域图书的编撰，运用自己坚实的鱼类学科知识对经过艺术加工后的鱼类图片进行初步的鉴别界定，对他无疑是一次挑战，也是一次突破。达尔文曾经说过"不要因为长期埋头科学，而失去对生活、对美、对诗意的感受能力"。作刚用这本综合了艺术审美和鱼类物种知识的图书，向达尔文先生致敬。

　　在自然学科领域，物种的种属关系会随着对物种研究的不断深入而可能发生变更。这是长期存在的客观现象。这本特别的书为每个物种开设了云端数据的讨论区域，读者通过简单的二维码扫描，就可以即刻参与物种的讨论及其最新信息的交流，这是一次极具意义的大胆尝试，同时让这本书的生命力获得了极大的延展空间。负责此项目计划的"两江原生"，作为我国最早诞生的本土生物网络及组织之一，这十五年的坚持耕耘颇见成效。可以说"两江原生"潜移默化地影响着我国本土物种的研究历程。期望"两江原生"能在自然及物种的文化传播、科学研究和发展、大数据信息技术的应用和实施等多个维度，再接再厉更上一层楼。

　　科学的本质就是人类对未知领域的不断探索和前进，而所得成果就是人类文明进步的助推剂。在此过程中，科学并不孤独，它总是能找到被大众乐于接受的方式来进行表达，就如本书做到的那样，以高超的艺术手法为表现，以坚实的科学数据为基础，两者有机结合在一起，为大众同时推开了艺术和科学的大门。希望未来会有更多人投入其中，发挥各自领域的优势，跨界与别的领域优化结合，相信能迸发出更多、更绚丽的火花。

中国科学院水生生物研究所　研究员

序二

Preface

多年前，国刚从大别山主峰天堂寨南麓的一个县城到武汉读书，学的是油画，获得了硕士学位。但他的兴趣显然不止于所学专业，或许是幼时的环境、经历使然，他酷爱古生物化石、水生动物，尤其是鱼类，周末和节假日几乎都是带着地质锤与小抄网，在挖掘、搜寻、捕获的旅程中度过。儿时的喜好慢慢变成了生活的一部分，变成了研究工作内容，野鱼和化石是国刚工作室里的常住民，相距亿万年的生命和生命的遗骸在这里进行时空对话。

我在2002年曾为创作汉口江滩防洪堤的大型石刻壁画《长江水生动物》和《生物进化史》突击研究过大量相关资料，作品完成后这些资料便束之高阁。国刚是因为爱鱼、爱化石而画，他将自己的兴趣转化在一系列艺术创作上，并取得了显著的成就。他早期的油画，用层层叠叠的化石呈现了不同代、纪的地质年代，用那些消失的物种化石体现生命的脆弱与永恒，给人一种绚丽的沧桑感；此后，国刚用水彩作科技图谱式的鱼类绘画，通过对野生鱼类肖像式甚至标本式的描绘，表达了对生命的热爱和对大自然的敬畏，并由此引申到对人类自身生存状况的审视。

2015年，国刚第一次出版了关于鱼的绘本《野鱼记》，该书广受读者好评，还获得了2016年首届"大鹏自然好书奖"提名、第六届"中华优秀出版物奖图书奖"、2017年科技部"全国优秀科普作品奖"。

《中国原生鱼水彩绘》涉及90余种小型淡水鱼，用与朋友聊天的口吻，从童年故乡的青鳉、鳑鲏谈到武汉的圆尾斗鱼、鰕虎鱼，从鄂南山区的鲹、马口鱼苗谈到鄂东北的棒花、似鮈，逐渐扩展到鄂西、皖南、赣北、晋豫、浙南，直至川藏高原的原生野鱼，娓娓道来，在与读者分享采集捕捞过程的同时，表达了对生态环境的担忧。本专辑以精美的水彩插图为主，配以充满感情的文字，同时附专业的科学叙述与说明，不失为集艺术、科普和专业于一体的好书。

相信国刚的这本新书会再次赢得读者的喜爱，也期望这本书能激发民众尊重自然、保护生态的热情，让书中书外的这些生命精灵永远不要以化石的形式保留在我们的世界。

周向林

2019 年 1 月

前言

Forword

　　当对一件事物接触的时间越长，就越感觉到自身的浅薄，因为一时的兴起开始记录，边交流边学习边摸索，广博多样的鱼种以及由此结交到的各类朋友，既让我看到生命的精彩与厚重，又察觉到自身的局限与不足。当在朋友们的协助与督促下汇集成册时，这种惴惴不安愈发严重，一人的体验即使再真，总归有他的狭隘与局限，在还有众多鱼种尚待发现、自然生态堪忧的今天，个人蜻蜓点水散点式的试探，仅仅只是撩开自然淡水水体这本巨著薄薄一页中零碎的一角。即便如此，竭尽所能展露出的这一小角依旧有着诸多遗憾和缺陷，由此，成书的初衷更多的是交流、学习以及对自身一次重新的审视。从一开始的下水寻鱼到提笔记录再到最后成书，身边众多朋友自始至终给予了无限的支持鼓励与帮助，没有这些就不会有这本拙作的成型，他们中有一起野外的同好好友，他们是陶旭东、洪继宁、宋超、田俊、何光银、黄勇、王桉先生，有绘画艺术方面给予建议和帮助的水彩艺术家尹朝阳、杨帆先生，在文字成稿阶段给予修正的阳涛平先生。作为合作伙伴的张志钢、彭作刚先生，在其间完成了大量的协调工作与科学论述方面的补充，他们的参与弥补了本人在淡水鱼科学理论上的不足。也要感谢我的艺术专业导师周向林先生，在百忙之中审阅拙作并为之作序。

还有很多在此未能具体提及的朋友以及陪伴我参与野外考察的学生们，一并对他们的慷慨给予表示感谢。数年的积累，家人背后无私的支持是我最大的动力，感谢他们为此做出的付出。感谢湖北大学、湖北大学艺术学院以及诸多同仁们，一份赖以生计的岗位以及宽松包容的学术氛围，是持续一件事情不可或缺的坚实基础，感谢他们共同给予了我一处安宁的港湾。在网络时代，两江原生论坛使得各地的爱好者走在了一起，也直接促成此书的出版，如今自媒体时代，其在中国原生淡水鱼领域的影响还在持续。本书中的二维码为方便读者延展学习和交流所用，后续日常维护、管理、变更等不做另行通知。数天前，乡间野外，某局部区域禁渔保护措施的加强，使得当地溪流淡水生态较前些年略有缓解，在此，对这片土地上关注自然生态并为保护它们而正在做出努力的人们表示敬意，在大众普遍认知还需加强、保护监督措施有待完善的过程中，珍惜和保护我们身边的生态系统，使得我们的家园恢复它原本自然面貌，还需大家更多的努力。让我们为共同的家园与目标一同前行，让曾经的水下精灵回到它们本来的家园，让每一条河流重新恢复生机。

张国刚

2018 年 7 月

目录
Contents

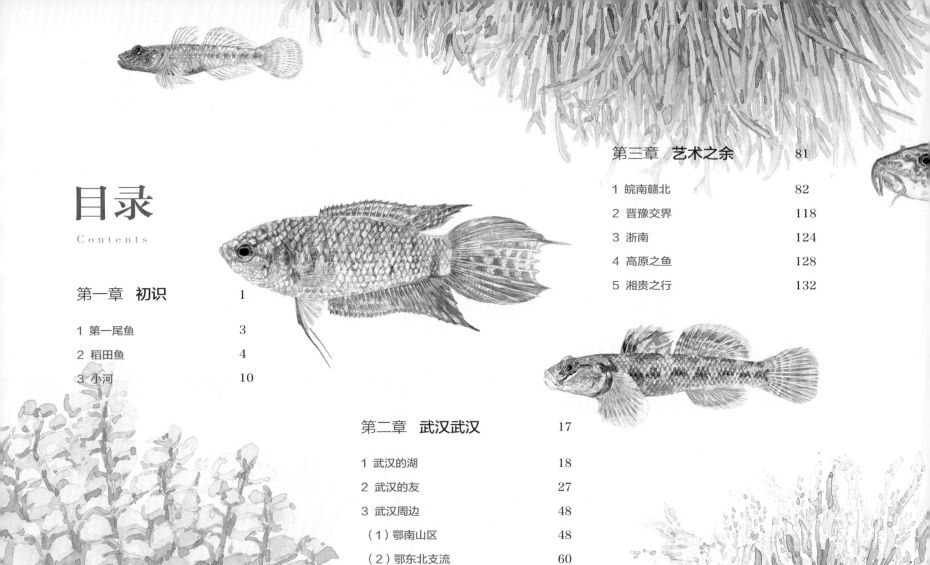

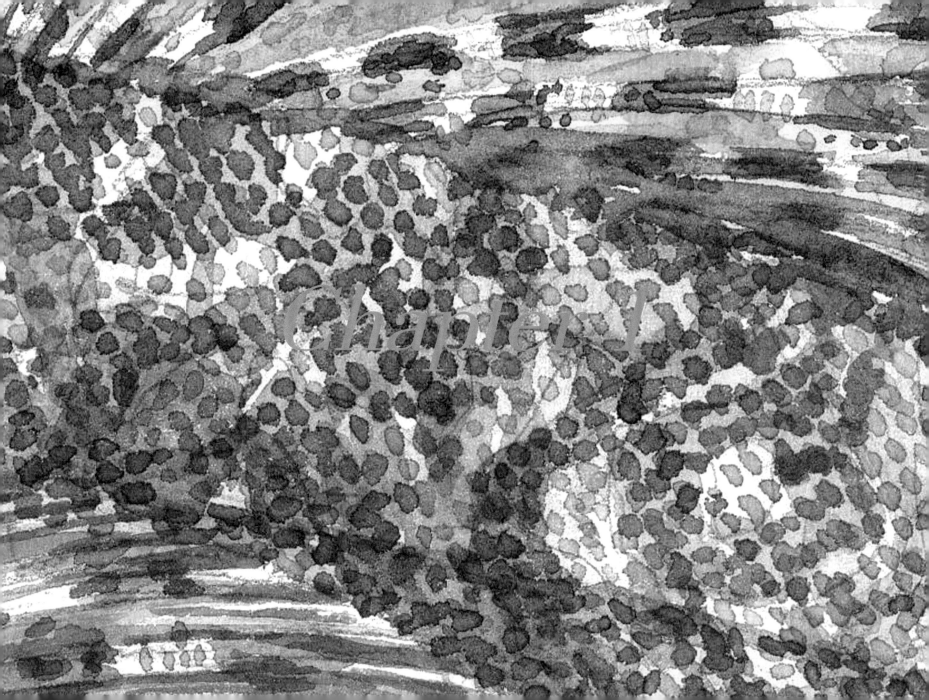

第一章　初识

1 第一尾鱼

　　记忆总是那么模糊，片段却如此清晰，哗啦啦的流水在石块间欢快地流淌，大小不一、还未完全成卵形的扁石块，自近向远铺满不太宽的水面，两岸不远突然垂直升起人工修建的堤岸，让水域显得有些局促，如果不是石壁上铺设的错落有致的石块，很难到达溪谷底。为了避让一条县城里很古老的街道，溪流不得不穿过十几米长的隧洞，这使得小小的溪谷显得更加幽深，隧洞可以进得去人，远远的，隧洞那头的亮光中，浆洗衣物的妇人们脆脆的乡音细语，伴随着棒槌敲打的清脆的咚咚声，在隧洞里回荡着，游丝般钻入你的双耳，此般情景不时在我的梦中呈现，就如同未带上金箍的至尊宝梦境一般，而那尾瘦瘦的浅色身姿，在小小的激流中一闪而遁的身影牢牢地留在了我的记忆里，难以释怀。右边堤岸旁不远，街道里有我幼儿时曾经的家。在那儿，我可能度过了五岁之前的两三年时光，浆洗妇人中自家奶奶的身影，以及那尾至今不知名的幽谷小精灵，是我蹒跚之时恍惚的记忆。少年时也曾数次前去探寻，站在隧洞出口处，脚边的山溪还是一如既往流淌着，只是水里的石块上多了不少顺流漂动的白毛，水里岸上空无一物，只剩下寂寥的哗哗声在壁间回荡。

2 稻田鱼

稻禾在微风中摇曳着，午后的阳光把众多禾秆的影子投射在稻田里，形成了一片片的幽凉阴暗之处，而光透过缝隙，光斑窜动着试图划破这片寂静。光斑在起伏不定的泥土间晃动着，不时会有少许亮光反射回来，轻刺着你的双眸，原来在湿润泥土的坑洼处，还留有少许早前浸泡稻苗的灌溉之水，形成了一个又一个的小水坑，断断续续的，一直延伸到稻田深处。靠近田埂处也有水坑，因有些田正好在山腰处，顺着山路上行时，伸出手就能触摸到离得最近的水坑。暑期的午后，趁大人们午休，小伙伴们悄悄地溜出来，跑到屋后小山的田埂间玩耍，那触手可及的田埂水坑里是有某个精灵在等候着的。路过或靠近田埂时，洒满光斑的水稻田埂间的水坑立刻泛起

一处处慌乱的涟漪，水很浅，如此小的范围内如何逃得掉，在水波的不远处往往能清晰地看到一对或数对小小的亮晶晶的眼睛看着你，而且不时一顿一顿地、短距离地变换着位置。带个小舀子或直接用双手，无论它如何瞬移，都可以轻易地把它们捧起来，这时终于看清了那对小灯笼的真身，最大不过两厘米的小鱼，而且它们有着约定俗成的名字，大人小孩都这么叫，"亮光镜儿"。不用下水，不用费太大的周折，又不用担心回家后被大人们责罚，轻轻松松就能抓到的小鱼，最小年龄段的小孩都可以得到的水里的小精灵，因为它的小，随便拿个容器就可以养几尾。但凡是有水坑的地方，大多能看到它们的身影，这是那个年代小伙伴们最早认识的鱼儿。养

在透明的玻璃瓶子里，不时捧起瓶子细细端详，鱼很小，但它的眼睛真的很大很亮，几乎占满了整个面部，而黑色瞳孔周围如此的白，在光的映照下，一双眼睛的顶端有一块区域如同镜子般可以反射光线，从上往下看时，可以看到头部有非常明显的、左右对称的两块光斑。在受到惊扰时，它们会短暂地潜入水底，但很快又会回到水面，大部分时间是一尾跟着一尾地贴着水面晃悠，它的背如此水平，以至于会误认为它是翻过来在仰泳。因鱼儿很容易弄到，所以每次都会养不少，而那时能够找到最好的养鱼容器就是空的罐头瓶子了，20世纪七八十年代的水果罐头是常见的一种奢侈营养品，每家多多少少都会有些积攒，是小伙伴们四处讨要的养鱼必备品。一

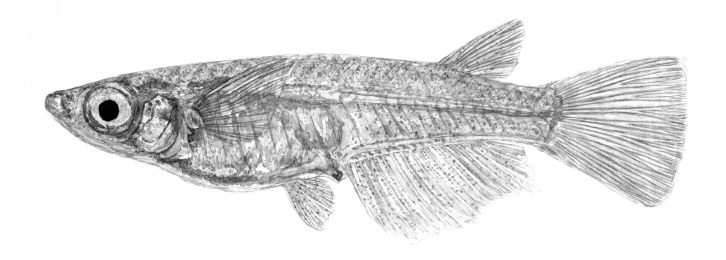

青 鳉
Oryzias latipes

分类地位

颌针鱼目（Beloniformes）、大颌鳉科（Adrianichthyidae）、青鳉属（*Oryzias*）

形态特征

体小，长形。背部平，腹部突出。口小，上位。眼大。无须，鼻孔1对。无侧线。背鳍后移，靠近尾柄。身体背部正中从头后至背鳍基有一条黑线，体侧上部从鳃盖后缘至尾柄正中有一条黑线。

生活习性

小型鱼类，生活于水体表层。杂食性。

地理分布

分布于东亚及东南亚的淡水水域。包括日本、韩国、中国、越南、缅甸、泰国、柬埔寨的淡水水域。

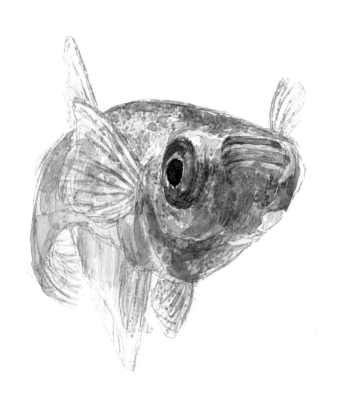

个瓶子里养六七尾"亮光镜儿"是轻轻松松的事情，有时，小小的窗台摆满装着小鱼的瓶子，数量不一的小鱼儿晃荡在瓶子的水面时很是美丽，其间也会出现些疑惑，偶尔会发现有些鱼鼓鼓的肚子底部带有一团透明的小泡泡，随着时间的推移时而消失时而出现，当时还在担忧是不是鱼儿们身体抱恙，时至今日已了解，那是母鱼产卵了，只是在卵受精之前需要随身携带的。如今，这些鱼儿们的通用称呼也已知晓——青鳉，一个很好听的名字，追根溯源，依例归类，现代淡水鱼类中单列出来一个鳉科，又是其在我们这片土地上唯一的成员，而且你绝难找出比它们更小的淡水鱼了。

乡土临长江以北的大别山东部尾脉，水量充沛，沟河纵横，水稻是最主要的农作物，彼时的稻田也就有了不少的故事。秋收过后，天气也慢慢转凉，此时的稻田已看不出稻田的样子，满满的都是水，如不是知晓前面的事由，你会把它当成一个个紧挨着的、方方的小池塘。原来，收割之后，田间被挖开了个口子，就近引来小河中的水，浸泡曾经的稻田，满满的。水有些浑浊，以致看不出水有多深。水田里一片寂静，除了渐渐吹来的北风带起的那一连串的波纹，直到水里一串串不知哪儿来的黑珍珠让我们发现水已经很清澈了，水底斜插着残存的稻秆。

水渐渐地暖起来，蝌蚪出现了，鸭子也开始下到稻田里玩耍，此时水里又多了一些快速窜来窜去的小身影。不久，不知哪天路过稻田时，水浑浊了，近乎泥浆，水量少了一大半，水牛在农夫的吆喝声中，拖着一个扣在泥土中的宽大的木质靶子，很规律地沿着一个方向前进，身后，经过几个月浸泡的泥土翻滚着。此时却是小伙伴们很兴奋的时刻，一些胆大的小孩，在水牛和农夫走远后，跳进靠近岸边的泥水中，水已经很浅了，都未没过脚脖子，静静地观察着，然后猛地捧起一滩泥水，快速地回到岸边，在摊开的小手中间的泥浆中，你会看到一两条或更多长长的、吧唧着嘴巴、沾满泥浆挣扎着的小身躯，赶紧放进已经准备好的盛满清水的玻璃瓶子里，泥浆散开，露出它们的身形，五六厘米长，尖尖的脑袋，一开一合的小小嘴巴，细长的身体，深色的背部，还有一条隐隐约约的从头连贯到尾部的深色黑线从中间连接着浅色的腹部，肚子肥肥的还有点儿泛黄。"楞子鱼"，小伙伴们都这样称呼它，一种不太好抓到的小鱼，很机警且游得很快，在水浅的地方是看不到它的，也不知道为何此时它会出现在这儿，后来想想可能是顺着河水跑进稻田的。它的学名很贴切——麦穗，分布非常广泛，湖泊池沼都能发现它，成体鱼有十几厘米长，黑色的背部与亮白的腹部形成对比，小小的嘴巴一圈还长了些短短的尖刺，原来我们在稻田里碰到的都是"麦穗"的少年鱼啊！

麦穗鱼，应该是我国最皮实的原生鱼了，几乎遍及大多数淡水水域，耐受性和适应性强，儿时休耕的水田里到处都是，是目前最容易在野外碰到的淡水原生鱼了。其幼体与繁殖期的雄性成鱼最具特色：幼年期身体细长，一条细黑纹贯穿首尾，很显萌态；成年后，身体开始变壮硕，横纹也褪去，直至繁殖期，体鳞变深，呈冷黑色，雄性鱼嘴部长满一圈追星，角质状、短短的狼牙刺，手触碰如同粗砂纸，小时候曾把它们当成了不同的类别。

麦穗鱼
Pseudorasbora parva

分类地位
鲤形目（Cypriniformes）、鲤科（Cyprinidae）、麦穗鱼属（*Pseudorasbora*）

形态特征
体长，侧扁，头后背部呈弧形。头小，略尖。口小，上位，下颌稍长于上颌。无须。背鳍无硬刺。尾鳍浅分叉，上下叶等长。体侧各鳞片后缘具新月形黑斑。背鳍有暗色斜纹。

生活习性
小型鱼类，生活于浅水区。杂食性，主食浮游动物。
地理分布
我国中东部广泛分布，原为东亚土著种，现很多国家和地区广泛引入。

3 小河

老城有汤河，谓北汤河、西汤河，东、西各一处，滚开的热水从平地里冒出来常年不息。以往迎面遇一陌生人，一露齿即可判断不是北汤河人就是西汤河人，因其食用水为汤水，含硫黄，满嘴黄斑牙，后西医给此牙取了个莫名的名字"四环素牙"。北汤河从泉眼开始汇入环城而去的大河绵延十几里，一条短短的可知始终的小河，五岁至今的家在北汤河中段西岸，靠山面河六七排房屋，被取了个名"友谊街"，家家有门牌号，如今称之为"棚户区"。河的东岸，是水田和湖泊，中间一条供居民出入的土路，河行至家门口，河面也只有六七米宽，平时小河是温婉的，河底满满的都是黄白黄白的细沙，除了岸边人工堆砌的石头，没有任何硌脚的东西，水又

清又浅，孩童跳下河时，一群群小鱼惊慌地四处乱窜，浅滩处的虾、亮光镜儿、窜得最快的楞子鱼（麦穗鱼）、土鲫、鳑鲏、趴在河底的狗头鱼，就这么被我们认识了。一场小雨后的一两天是最好抓鱼的时候，河水已退，稻田中的水亦在与小河联通之处缓缓地流动着，小河的一边冲出的小水洼里，满是更小的鱼，不过一厘米，用个小容器就可舀起几尾，基本是同一种，虽小但扁扁的身体都已成形，最显眼的是其背鳍上一大块醒目的黑斑。游得飞快的鱼一般不太好抓，需要专门的器具，家里淘米的筲箕（竹制品），挑土挑砖的筼箕（又称筼筼，竹制盛具，用于运泥土砖石。）都被顺出来做此之用，那时都是竹编的，甚是好用。河底空荡，鱼儿无处躲藏，惊慌

之下，只能藏于河两边的石缝之间，看准位置，顺着水流放下器具，口朝水流的方向，水浅，难以漫过器具的边缘，手脚并用，从上至下，摸索着每个缝隙，直到器具口部边缘，猛地提起，河水透过竹编缝隙快速地逝去，器具底部总会有几个亮闪闪蹦跶的身影，最多的是楞子鱼（麦穗鱼）和鳑鲏，土鲫也会有一些，然后就是习惯趴在水底的狗头鱼，这些都是装在瓶子后，养在家里时才慢慢分辨出来的。这里面，鳑鲏最有趣，不过六七厘米，扁扁的身形，有时会碰到特别艳丽的，背鳞泛金属蓝绿，红眼红尾，侧身中间自尾向前一条由宽变细的蓝色横纹，孩童视为爱物，当然大部分是较暗淡的。养着养着，有些鱼肚子肥肥的还拖着一条长长的尾巴，当时以

鳉鲅中最常见的了，南北都有分布，发色的雄鱼几乎是鳉鲅类别中最为艳丽的一种，红眼，背部的金属蓝绿，背鳍、腹鳍边缘一圈淡紫红，尾鳍中间根部的大红，胸鳍最边缘鳍条的银白，自然界中对比最强的色系都被它给用上了，还不包括躯干上的色彩布局。

为是鱼的粪便，有些不喜，后来才知道这鱼名"高体鳉鲅"，艳丽者为强势雄鱼，有尾巴者是拖着产卵管的雌鱼，雨后水洼处背有大黑斑的则是它们的小崽子，它们一家子的事《野鱼记》中有详解，此处不再叙述。狗头鱼也挺有意思，只是难养，两天就翻肚子了，虽说叫狗头鱼，其实最少可分成两种，一种口大朝上，可吸附在光滑玻璃杯壁，移动时短距离一窜一窜的，另一种就文雅多了，嘴小下口位，尾巴一摆，晃晃悠悠贴底滑行一段，而且身上布满斑纹，儿时观察仅此了。如今已知第一种为子陵吻鰕虎鱼，很猛的名号，本国最常见的小型淡水鰕虎鱼，难怪在石缝浅滩处最易碰见，原来专门吃虾的水老虎啊！第二种名棒花（棒花鱼），很形象，满是花纹的棒槌，你才是棒槌咧！如此温和难怪被人欺负。孩童时，水暖后，闲时整日在河中呼朋唤友，上下求索，不知顺了多少竹编器具，从源到终，每个石缝都清清楚楚，至今双亲都调侃，一次，把条水蛇当鳝鱼带回家，吓坏了一路的大人！有件事印象至深，一次雨后，顺河下游，一边为石墙高岸青砖大房，一边山坡杂草密林遮日，断裂倒塌的枝丫横在水中，

故技重演，晃动残枝，提起竹编的器具，这时看到了一种以前不认识的鱼，六厘米左右，横斑纹，泛黄的红色身躯，双背鳍，暗色的肚子，眼睛泛着蓝光，当时被惊艳了，其实这是种很常见的小鱼，黄黝，一般栖息于静水环境，而且雄鱼在成年后繁殖季节才会变得异常不同，后来专门单独养了一尾雄鱼，难养，只吃活食，用了两年的时光，才让我重拾到当年的第一次邂逅。

儿时大半光景都在此河中晃荡，不知害了多少伙伴被长辈们责骂，不知多少次奶奶拿着竹条子貌似严厉地沿河驱赶着回家饭食，如今她那略带方音呼唤声还在耳边回响。小河两岸的稻田池塘沟渠摸得是清清楚楚，时光就这样继续着，谁也没想到变化是静悄悄地潜伏过来，稻田被废弃了，在浸泡了几个月后，并没有迎来熟知的农夫水牛和战车般的大木耙，湖泊也像个被人遗弃的小媳妇，日渐憔悴，浮萍无人清理，一片藕荷在经过了一次采摘后，再也没有恢复往日的浓密与婀娜。水开始发绿，天热时，满湖的鱼儿浮头喘息，任人捕捞捡拾，大人孩童们都很兴奋，最后的狂欢。湖泊旁紧挨水

高体鳑鲏

Rhodeus ocellatus

分类地位

鲤形目（Cypriniformes）、鲤科（Cyprinidae）、鳑鲏属（*Rhodeus*）

形态特征

体高而侧扁，呈卵圆形。口小，端位，口裂呈弧形。尾柄中央有一条纵行浅黑色条纹，并带有浅绿色光泽，向前伸至背鳍基部中点的下方。鳃盖后上方有 1 ~ 2 个黑绿色的斑块。

生活习性

小型鱼类，群居性强。杂食性，主要食藻类。

地理分布

主要分布于长江以南各水系及海南岛。

泥桥的那口水井，在周边居户共同相依了不知多少年后的某一天，被抽干了水，围观时，水井旁边的几个水桶里翻滚着几尾肥硕的深色鲤鱼，而其中有两只占满了整个桶底的甲鱼，让周围的吃瓜群众啧啧称奇，至今还能记得那憋屈的甲鱼徒劳滑动的爪子，在木桶边缘留下一道道浅浅的痕迹。装上一个抽水机后，井被永远地封上了水泥盖子，盖子上伸出很粗的一根钢管，管子在高处拐个弯后，向前直行了很远很远，从此那个可以经常趴在边上看自由游荡的小鱼小虾的位子消失了，多了一个若干年后洒水车必须停靠加灌的基点。延伸很远的水田没有了，旁边苟延残喘的湖泊在一年内，最后的一块水渍也消失了，只记得消失之前，拿根木棍在水里横躺一晃，就能晃几条大鳊鱼起来。终于，以前的那条小土路完全地改变了自身的维度，而且迅速地长出厚厚的结实外壳，它的两边护围般的很快长满了水泥房子，柳树没有了，房子漫上了小河的身躯，小河不见了，聚落中的土砖瓦屋也相继变高换成了水泥建筑。在小伙伴一次被水中的玻璃割伤后，长辈们突然认真起来，孩童们少有敢下河玩耍的了。河水还在流淌着，站在桥上可以看到它的残躯，水里开始出现污物，在某个清晨上学时，习惯性地瞥了瞥水面，没有见到一丝窜动的身影。渐渐的，河底开始长毛，灰白灰白的，偶尔冒几个泡泡，曾经的黄白黄白的细沙在变黑的过程中消失在了灰白之间。寒冬时，如同往常一样，河面蒸腾着薄薄的烟雾，那诏示着远处曾经的活力，而酷热之日不时迎面扑来的腥臭则向路人提示着它的存在。

小黄黝鱼
Micropercops swinhonis

分类地位
鲈形目（Perciformes）、塘鳢科（Odontobutidae）、黄黝鱼属（*Micropercops*）

形态特征
体小，长形，侧扁，腹部圆，口斜裂。体黄褐色，第一背鳍较短小，第二背鳍较长较大。尾鳍不分叉，呈圆扇形。体侧有10多条黄褐色横带纹。

生活习性
小型鱼类，栖息于水体底层。主食小鱼、小虾等。

地理分布
广布于长江、珠江、黄河等各大水系。

真吻鰕虎鱼
Rhinogobius similis

分类地位
鲈形目（Perciformes）、鰕虎鱼科（Gobiidae）、吻鰕虎鱼属（*Rhinogobius*）

形态特征
体长形，前部呈圆筒形，后部侧扁。头宽大，吻圆钝。口端位，口大斜裂。唇肥厚。眼大，上位。背鳍2个，分离。腹鳍愈合成长吸盘。体侧具不规则的黑褐色斑块，头部具蠕虫状暗色斑纹。

生活习性
小型底栖鱼类，多栖于沿岸浅滩。肉食性，主食小型无脊椎动物等。

地理分布
广泛分布于全国各大水系的江河湖泊。

　　不想我国静水中竟有如此艳物，儿时曾惊鸿一瞥，却不知只有雄鱼成年体壮后方能如此。此鱼性孤僻，只食活物，终日悬停隐伏于水草密林间，眼神犀利，注视过往活物，静若处子，动如脱兔，貌似无害实则凶猛异常，不愧是鰕虎鱼中的阿帕奇。

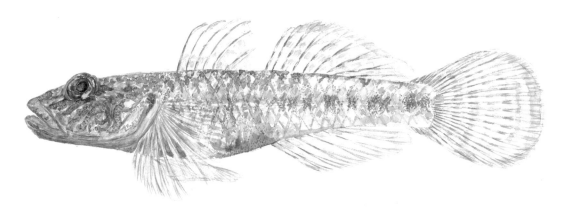

　　分布最广的一种鰕虎鱼，河流湖泊沟渠都有可能发现，因其普通、凶残、胃口大，而为大伙儿所忽视，但其雄鱼成体发色极其惊艳霸气，紫红、橘红、柠檬黄、湖蓝、群青，硕大的头颅与巨嘴，然后一双不怎么相称的犀利小眼，加之我国淡水鰕虎鱼中不可小视的体型，成为很多鱼友家中的缸霸以及合体之王。

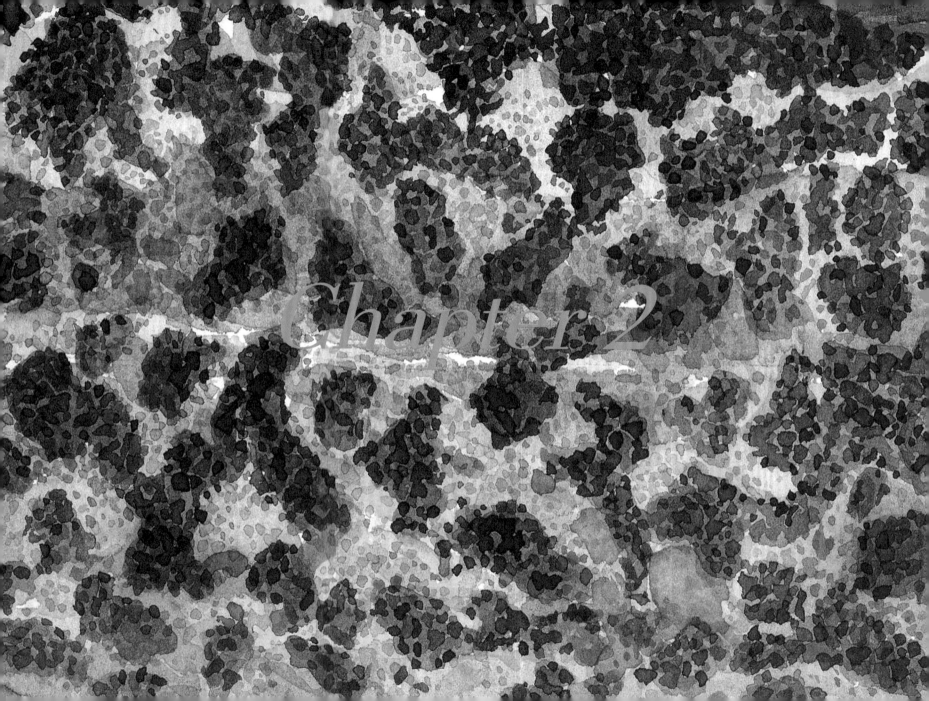

第二章　武汉武汉

1　武汉的湖

　　武汉为九省通衢之地，江汉交汇之处，湖泊星罗棋布，即使是如今市内湖泊也有一百六十处之多。当年读书时已是九十年代中期，完全无感，只知一个东湖一个沙湖。东湖虽是与发小好友一同前去游玩，留到现在最深的印象却是靠岸边飘荡的水波中黑压压成片的蚊虫，以及水边树木爬满蚊虫的枝条，而沙湖则是成排的养猪场以及直接排到水中的废弃物，岸边是刚被倾倒下来准备填湖的黄土。武汉的湖泊，学生时代前后十几年都没有任何探索的诉求，兴许是当年心思都用到艺术与对青春的憧憬中去了吧！

　　未曾想此后的安身立命之所位沙湖畔，此沙湖已非彼沙湖，面积小了不少，没了一半也有三分之一，剩下的分成了一个内沙湖一个外沙湖，时髦的绿道几乎已经妥妥地铺满了沙湖边，只是水还是那个样子，灰绿灰绿的，就着新鲜铺砌的堤岸，绿绿的绒毛搅和着几种水草在湖水的荡漾中摇摆着，旁边还不时漂浮着一两尾已经发臭了的喜头鱼，虽离住所很近，却很少为了采集小鱼去那，几年下来也就那么几次，浅水岸边最多的就是食蚊鱼，在湖堤没修时，湖边的浅水坑处，用小抄网一网下去，满满的一网兜全是食蚊鱼，有时也会抄到喜头鱼和麦穗鱼的苗子，毕竟这类鱼的耐压力还是不错的，子陵吻鰕虎鱼还是有些，有次夜采时，还抄到少量的小鳘鲦和数尾小鳑鲏，而且碰到了一尾很小的银鲴苗，可惜出水后就不行了，除此外就没其他发现了，可能是探索太少的缘故吧！小女就读之处亦在沙湖边，每每接送，都会沿湖走一段，有不少的钓者垂钓，小小浮标起伏于灰绿的湖水之中，想想也只是在这浑浊中找一丝慰藉吧！那鱼可断断是不能要的。填湖而成的公园里的水域，水质稍好些，毕竟专门种了那么多的荷藕，还是起了一定作用，天气稍好时，在荷藕下的一些岸边位置能够隐隐约约看到一小群成体的鳌鲦在水中游弋，很是难得。

生活刚刚安顿下来，我就买了口小方缸搁置在单身宿舍中小小的木桌上了，儿时只能就着罐头瓶子凑合，某个伙伴家自己粘的方方的鱼缸让我口水了许久，那时是没有卖的，也无余力购置，想着里面可铺沙种草养鱼，能在自己的世界里如此随意地窥探另一个世界，是件多么美妙的事情！外出奔波求学，只能把这点小小嗜好深埋心中，直至正式告别学生生涯。学着布景种水草，尽量地在身边寻找原生态的材料，虽然一开始还是"求助"了花鸟市场的商家们，最后发现还是

自己找的更有意思。此后，陆陆续续又加了几口鱼缸都是依据此理安置，而第一种进缸的鱼是食蚊鱼。单位地处内环闹市，旁边居然出现种植成片的油菜和向日葵，曾经面积与我单位相当，田地中间横贯着一条种有荷花的灌溉水渠，第一次无意间闯入时，不单单是已有花盘的成片向日葵让我惊叹，水渠荷叶莲茎之间的水面上窜动的水花更让我激动异常，这不是曾经最为熟知的情景吗？第二天就准备了一抄鱼的小网，迫不及待地要会会这曾经的老相识。很失望，虽然两者极其相似，当鱼出水现出身姿时，还是发现了它们的不同，大小略相近，也有超出一半的体型者，麻黑的身体，眼睛略小，明显不是同一类鱼，是形态、习性、生态位极其相似的两个物种，还是挑了几尾养在了我的空鱼缸里。查询后才知，是食蚊鱼。

　　高校课徒弄艺，自我支配时间渐多，空闲，开始探寻周边水域，骑个电动车就可方圆十几千米活动，有时带上妻女，权作游玩。武汉真是百湖之城，出门不远就是大湖沼，十几分钟路程即可见沟渠湖泊池沼，虽主湖水质堪忧，但偶尔一些隔绝的小水域，身藏秘处，自我净化，水质还是不错，水中的生物也丰富了不少，黑壳虾、红鼻虾这种对环境有些要求的小生物也现出身影来。曾见一小池塘，掩映树林之中，已填一半，见到成群的青鳉，不多时再去，已盖满浮萍，只见小甲虫，现今可能已成某楼了吧！前些时东湖绿道游，一处辟为路边公园，小池塘被重新翻挖填浅，满是黄泥，岸边整修一新，铺上了崭新的草坪，除了以往水杉遗留外，又有规则地种了不少其他树种，池沼间的路水泥铺设。当年为东湖渔民废弃的鱼池，不知去那儿采集了多少次，路边是看不到水的，被两人高的浓密灌木篱笆遮掩，路过才能看到一条延伸进去的土路，居然有人把车子也开进去了，大大小小的几个方形池沼，隔断间长满了杂草，池沼间有小沟相连，几处水杉直接插在池塘的浅水处，几个钓者分布其间，很野趣，隔着一排密林，那头就是东湖了。水是清的，探不到底，能看到水面的鱼，有一小水渠与东湖连接，路过浅滩处，受惊的小鱼慌不择路，小网只能找些小鱼，大的食用鱼本人也不会感兴趣，大概数了下，有黑壳虾、大眼贼虾、食蚊鱼、子陵吻鰕虎鱼、圆尾斗鱼、粘皮吻鰕虎鱼、鲫鱼、高体鳑鲏、彩石鳑鲏以及两种鳌鲦幼体，这样的好地方也曾邀好友同往过几次，直至沿湖马路边被铁网围栏围死。这儿提到的三种鱼，以前是不认得的——圆尾斗鱼、粘皮吻鰕虎鱼、彩石鳑鲏。圆尾斗鱼，第一次是在汤逊湖旁的沟渠里觅得，完全不认得，背鳍、腹鳍分别布满了各自的位置，尾鳍圆润，以前没见过如此的身形，后来得知，是很知名的原生小鱼，不少鱼友迷恋，成年后的雄鱼甚是奢华，不过，是低调中的奢华。粘皮吻鰕虎鱼极其可爱，出水时，黑乎乎的，一扭一扭，看不出是条鱼，养在缸中见其觅食，很是可爱，如同小狗般趴在水底，跑一段，向一侧偏着脑袋，衔起来试试，然后继续。它是淡水鰕虎鱼中最温和的了，曾弄了几只黑壳虾与其混养，竟然相敬如宾，即便如此可真不要

认为它是吃素的，很凶残的。彩石鳑鲏，是在谭家湖的一个排水沟附近第一次碰到，新雨渐歇，顺着湖边晃悠，专找有水草的地方探寻，都是食蚊鱼、麦穗鱼和黄黝，这是片被渔民圈起来养螃蟹的水域，以前曾是汤逊湖的一部分，富营养化，水是混绿混绿的，雨水正顺着一个圆形的管子流进湖里，落差形成一个半环形小水坑，鱼最喜这样的环境。逆着水流抄了一网，出水时，网里弹跳蹦跶着，很有力道的感觉，四五尾鳑鲏，扁扁的身体，但是它们的腹鳍末端居然有一缕镶有黑边的鲜艳橘红，彩石，人们给它取了如此恰当的名字，与那个充满金属色的高体鳑鲏属同一亚科，分布于长江中下游平原的各湖泊池沼中，当时感叹，如此混绿的水域居然有如此艳丽的存在。

武汉本地常见的一种鳑鲏，名彩石，在武汉读书求学十数载无缘相识。幸，好友小仲相邀，2009 年于藏龙岛偶遇，出水面的刹那，为橘红的鳍彩所惊叹。真是没想到，在那昏暗浊污的湖水下面还藏着如此精灵。

彩石鳑鲏
Rhodeus lighti

分类地位

鲤形目（Cypriniformes）、鲤科（Cyprinidae）、鳑鲏属（*Rhodeus*）

形态特征

体扁薄而高，近卵圆形。口小，端位。尾柄正中向头方延伸的亮蓝或黑色纵带不超过背鳍起点，鳃孔上角有一个蓝黑色大斑点；背鳍、臀鳍和腹鳍呈橘黄色，尾鳍中叶间有橘红色的纵条纹。

生活习性

小型鱼类，常集群。杂食性，以水草、藻类为食。

地理分布

主要分布于珠江、闽江、长江、黄河等水系。

武汉本地常见小型鱼类，多现水草茂盛静水的湖岔沟渠，食肉，领地意识强，喜争斗，好独处，恋爱季，公、母方合一处，好事一完，即开斗，不过前戏颇费周折，雄鱼，先武力清理同类同性，后于水草丰茂处环绕水面吐泡筑巢，可视范围内觅雌鱼竭尽全力示好，求其欢，展鳍摩擦，身体缠绕，雌鱼眩晕反转排出鱼卵，受精，卵下沉，雄鱼依次叼衔逐一至于水泡内，驱赶雌鱼，不眠不休不食守候，直至仔鱼可巡游自动觅食。自城乡开发后，水域污染破坏渐重，已难觅其踪。

圆尾斗鱼
Macropodus ocellatus

分类地位

鲈形目（Perciformes）、丝足鲈科（Osphronemidae）、斗鱼属（*Macropodus*）

形态特征

体侧扁，呈长椭圆形。头较大，侧扁，吻短突。口小，上位。体侧暗褐色，有明显或不明显黑色横带数条，鳃盖后缘有 1 蓝色眼状斑块，背鳍、臀鳍、尾鳍呈微红色。

生活习性

小型鱼类，栖息于静水环境浅水区。杂食性，主要摄食水生昆虫等。

地理分布

主要分布于长江和黄河水系。

中国原生鱼水彩绘

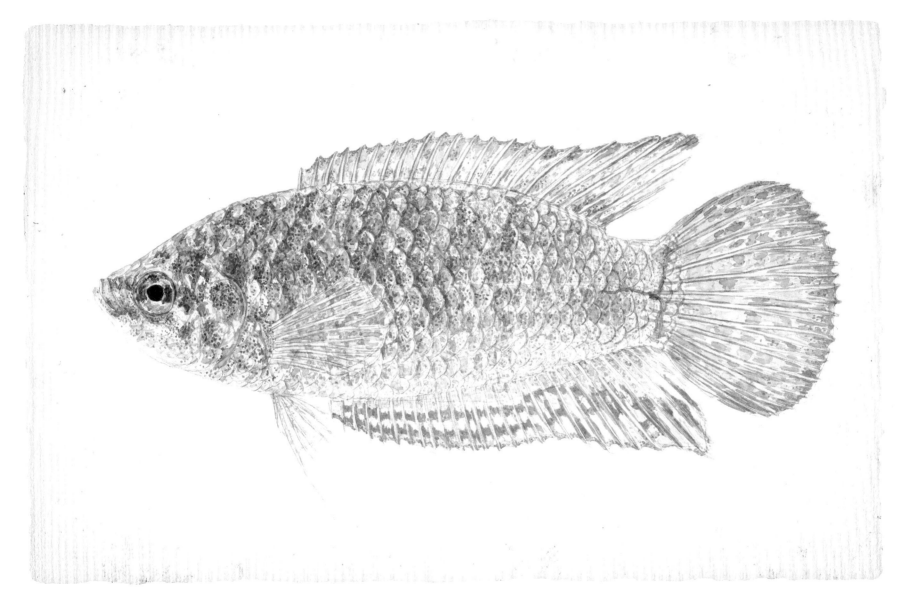

黏皮鲻鰕虎鱼
Mugilogobius myxodermus

分类地位

鲈形目（Perciformes）、鰕虎鱼科（Gobiidae）、鲻鰕虎鱼属（*Mugilogobius*）

形态特征

体粗壮，前部略呈圆筒形，后部侧扁。口端位，口裂较大，稍斜。皮肤上被较厚的黏液层。背鳍2个，第一背鳍的鳍棘均伸出鳍膜之外，鳍基底处有黑斑。第二背鳍中部有1深色纵纹。体侧有不规则暗色斑纹。

生活习性

多栖息于小河沟及池塘底层，极耐低氧。

地理分布

主要分布于长江、瓯江、九龙江和珠江等水系。

　　个人认为身边最可爱的鰕虎鱼，每次野采收网时，都觉得是捞了条微缩版的小黑狗，肉坨坨、黑漆漆、短粗短粗、一扭一扭的，你都不觉得它是条鱼。而入缸后是另一番景象，胆小温和但又不能断肉食，趴在水底，谨慎地短距离一蹦一蹦的，头圆脖子粗，探起半个身扭着脑袋尝一口，然后接着下一个探点。体色差异极大，纯黑底、冷色系、暖色系都碰到过。雄鱼的背鳍拉丝长起后，很是惹眼，低调中的绚烂。

2 武汉的友

　　没事偷着乐，话虽如此，一些人还是不经意中进入彼此的世界，有的只是匆匆过客，有的成为朋友，悄悄地闹腾着，身边就多了几个同好，因为有了他们，探寻了更多的水域，有了更多的感悟。长江里的某些信息由他们传递给了我，相约或独自巡江，让我知道了浑黄的江水里，曾经有着众多的精彩。江边寻觅，工具也有限，在恰当的时机里才有可能收获。即便如此，在朋友们的陪同下还是窥探到了长江残存的一点点碎片——条纹鮈、武昌副沙鳅、江西副沙鳅、切尾鮈、大鳍鳠、扁餐、银鮈、华鳈、塘鳢、银鲴、中华纹胸鮡、翘嘴鲌、江餐。近十年下来，这些朋友们依旧如故，他们分别是陶陶鱼、小山、宇晨、老思、大地、天王、探索、神仙等。已经记不清最先认识谁，何时认识的，我国野鱼的魅力如磁石般把我们聚拢在一起。一晚，写生归来，同事老哥载我和刚采集回的野鱼回住处，快接近楼道门洞时，在小区淡冷色灰暗灯光下，几个高矮不一的身影靠拢过来，如不是提前告知，着实把我老哥给吓着，这就是已等候多时等着分鱼的老少爷们儿。

彩副鱊
Acheilognathus imberbis

分类地位

鲤形目（Cypriniformes）、鲤科（Cyprinidae）、鱊属（*Acheilognathus*）

形态特征

体侧扁，呈长椭圆形。体侧从背鳍下方直达尾柄中部有 1 明显黑色或墨绿色纵带纹，鳃孔上角后方有 1 黑色或墨绿色斑块。

生活习性

小型鱼类，栖息于静水或缓流水域，常集群。杂食性，主食浮游动物等。

地理分布

主要分布于长江中下游及河北、山东。

东湖有彩副鳈、鳑鲏一类，侧线完全为鳈。全身冷色系，背泛紫青暗色，最奇特是其背鳍、腹鳍、臀鳍，极为飘逸宽大，均为深色底，腹鳍、臀鳍着白边，体型为鳈中偏长型。水中游速快且胆小，会被惊吓而死。一友夜回家，开灯，缸内一片慌乱，一彩腹当场痉挛翻肚而亡。

宇晨

印象中最年轻的一个，武汉城市轨道交通中的第一批驾驭者，害羞俊美，痴迷鱼虫鸟，他的住处去过数次，记得最早居所，独居，空间很小，一床一桌，书，鸟笼，鞘甲，床边抬头靠窗就是鱼缸，桌子上也是鱼缸，床底还是鱼缸，养的鱼如数家珍。武汉的彩副鳈，就是在他这得知的，自己到现在都没采过一尾，突然想起时，就会说"宇晨，彩副鳈啊！"不多时，我的缸里就多出一两尾彩副鳈来，武汉的鳈有多美，武汉市区哪儿有最美的鳈，这个湖区与那个湖区的鳈有哪些区别，这是我们经常讨论的话题，而且还会说起他自个的那口保育小池塘，采集亲鱼，配对，繁殖，把鱼苗带到半大，再放回，然后很开心地告知，那池塘是如何的隐蔽，如何的水质良好，某某天去，看到了如何的一大群以及如何惊艳的彩副鳈。

小山

同龄人，很对路子，武汉桂子山人氏，幼年时也是满山的捉鱼摸虾，现今大老爷们儿，眼小声音浑厚，经常就是"哪儿哪儿发现有什么鱼，一起去看看吧！"多次驱车同行觅鱼，不分寒暑昼夜，呼呼的寒风中，跨过搁浅的小木船循着水鸟的足迹寻觅，头灯的光斑下，追着鱼儿踉跄前行，而每次分鱼，却都是拿的最少，"你们先挑，家里缸少，多了养不活。"其实每次野外，也只带回能养的鱼种，每种根据人数带回个数尾。曾在大别山腹地发现一种很棒的鰕虎鱼，邀友数次采集，当地租个小巴，一伙人窝在车里，七弯八拐的山路，最后溯溪采鱼，一人带回一两尾。如今幼女甚小，就嘱咐"如有活动，提前告知，尽量参与"。

叉尾斗鱼，因成鱼太过抢眼、分布区域广泛为当地人所熟知，亦是爱鱼者中的明星鱼种，国际鱼圈谓之"天堂鸟"，国内少有几种人工繁殖进入宠物鱼市的类别。野生种色彩艳丽，斑纹橙蓝交接，奇异的背鳍、臀鳍、腹鳍，不仅异常宽大，而且末端有鳍条延伸如丝带，谓之拉丝。不挑环境，除了不能混养外极易饲养。野外多生活于水草丰茂、多遮挡物的静水沟渠塘堰河流，曾在农家废弃的水田沟渠内采集数尾，以往种群极为繁盛，污染之故，乡间也慢慢变少。那年长江涨水，居然武昌境内采获，近年武汉附近首次发现，猜测可能下游江西种群溯江而来，因其不耐寒，以往只见圆尾从未见过叉尾，如今气温逐年升高，其分布区域是否逐渐北推，不得而知。

叉尾斗鱼
Macropodus opercularis

分类地位
鲈形目（Perciformes）、丝足鲈科（Osphronemidae）、斗鱼属（*Macropodus*）

形态特征
体侧扁，口端位；胸鳍较长，后端尖圆，腹鳍互相紧靠；尾鳍分叉，上下叶鳍条外侧延长。体侧有10余条蓝褐色横带纹，鳃盖后缘有一蓝绿色圆斑。

生活习性
小型鱼类，多生活于山塘等浅水地区。杂食性，主要摄食水生昆虫等。

地理分布
主要分布于长江以南各水系。

名字听着就很美，华鳈，体侧4块竖纹冷黑色斑块极为醒目，而且此深色系一直有规则地延伸到了各鳍，极具泼墨效果，从网中出水时，在一堆银白底的江鱼中显得如此另类，以前从未想过浑黄的江水中还藏着这样的灵物。曾闻其性情孤僻不易合群，养了一年多，除了胆小外，一切反应正常，是否因为还未完全成年期，想想，于浑浊险恶江湖中讨生活，怎么样还得有个两刷子。

老思

很野也很有趣，居关山，在没认识之前，武汉周边县市的水域跑了个遍，其实以前是不养鱼的，唯对生态感兴趣，空闲时就开着车野地里转，曾动心思辞职攻读生态专业，后因诸多缘由断了这念想，但自然百态皆是其兴趣所在，也不记得是在古生物圈还是野鱼圈认识的，就这样相识，采集化石标本原生鱼类，只要可能都会参与。武汉周边县市的几个野鱼采集点，咸宁山区的吻鰕虎鱼，举水、巴水等数条长江支流水系的探寻皆出自他的赠予。深夜溯溪涉水采鱼，也是老思的提议，一些以前白天不易采集到的，夜黑后大部分能碰到。深夜三四个人打着头灯，踩着砂石涉水前行，周围一片漆黑，碰到溪流狭窄草木浓密时，如太过专注脚下水中的小鱼，冷不丁地一抬头就会发现周围空无一人，就此事与老思聊起，老思说他曾独自一人深夜溯溪探寻，当然一些安全事项还是得提前预知和注意。后来，原生野鱼的魅力也使得他添置了口鱼缸，开始伺弄起鱼来，以往，就是看一看，随即把鱼给放了，说"心里有数就可以。"

32　　　　中国原生鱼水彩绘

华 鳈

Sarcocheilichthys sinensis

分类地位

鲤形目（Cypriniformes）、鲤科（Cyprinidae）、鳈属（*Sarcocheilichthys*）

形态特征

体长而侧扁，头后背部隆起。口小、下位，略呈马蹄形。须 1 对，细小。背鳍末根不分枝鳍条，基部较硬。体侧具宽阔的垂直黑斑 4 块。

生活习性

小型鱼类，生活在水的中下层，喜流水生活。杂食性，以无脊椎动物及藻类为食。

地理分布

我国东部海河水系以南各水系有分布。

刺 鳅

Mastacembelus aculeatus

分类地位

鲈形目（Perciformes）、刺鳅科（Mastacembelidae）、刺鳅属（*Mastacembelus*）

形态特征

体延长呈鳗形，但头和身体均侧扁。头长而尖，吻稍长，吻端向前伸出成吻突。上、下颌具绒毛状齿，呈带状排列。眼下有一倒生的硬刺。无腹鳍，背鳍和臀鳍分别和尾鳍相连。

生活习性

中小型底栖鱼类，生活于浅水区。杂食性，以水生昆虫等为食。

地理分布

分布于全国各水系。

刺鳅，因其习性不为常人所识，多隐蔽于水草遮蔽物之中，如同长蛇缠绕游走林木之间伏击取食，其实分布极广。儿时曾碰到，谓之刀鳅，背部短刺连贯如若刀锋，老人警示不敢涉及。饲养后对其略有了解，胆大，喂养时间一长就不惧人，与人互动敢于从手中接食，靠近猎物，靠吸力把猎物抽入腹中，难怪如此长体型，不仅仅是为了水里密林中移动隐秘。我国有两种分布，南方种体型大，体侧斑纹大而且更具规则。

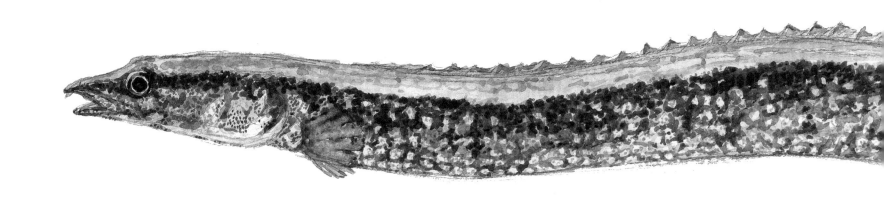

天王

　　名如其人，但不知是哪道门的天王，数年下来，最佳状态的圆尾斗鱼出自他之手，黝黑亮丽的雄鱼，在他那自制霸道抄网下无所遁形，下手夸张却很实效，咣当一下，哗啦啦地全给拖起来，在其得意的拼装好自己铁抄抓在手中时，就让我想起某某神那把破雨伞。因安身栖住武昌青山，地处武昌临江下游，池沼很多，野处自涨自消，圆尾斗鱼最喜的栖息场所，但能找到的水域并不多，天王如数家珍。曾在一处采集野鱼，真不知道如何找到的，车子过了街市厂区，渐近市郊，绕了数个村子，越过堤岸，大大小小断断续续一字排开不规则的水域映入眼帘，两种以前很难见到的淡水小虾、亲自野采中最大个的刺鳅以及成体发色的圆尾斗鱼皆出此处。

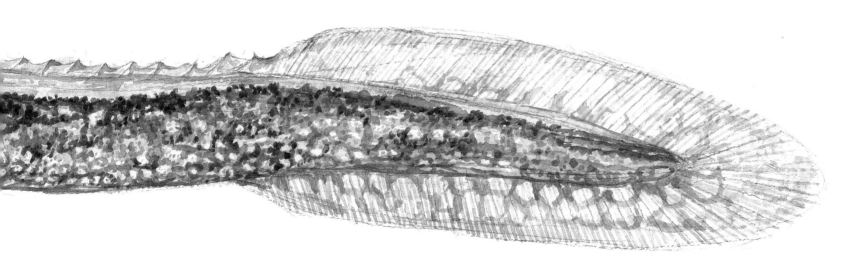

水体每每恶化，鱼的种与量都在逐年减少，倒是这鲹还是很常见，无论是垂钓还是撒网，最多的还是这类，应该是江里最基础的鱼种了。常见的鲹应该是由几种类似种集群而成，未仔细观察区分，只能是碰到了就记录下，毕竟是最寻常的小鱼，如果天然水体中它都没了，那估计离我们自己灭绝也不远了。

贝氏鲹
Hemiculter bleekeri

分类地位

鲤形目（Cypriniformes）、鲤科（Cyprinidae）、鲹属（*Hemiculter*）

形态特征

体侧扁，背腹缘略呈弧形。口端位，口裂斜。体背部淡银灰色，体侧及腹部银白色，尾鳍分叉深，下叶长于上叶，末端尖形。

生活习性

小型鱼类，栖居于水体中上层。以浮游生物为主要饵料。

地理分布

广泛分布于黑龙江、黄河及长江流域。

友，于黄陂山溪中采集，短小幼体养至二十厘米左右，胆小甚微却是食肉，野外藏匿于石缝间，夜黑出来觅食。后移入我处单缸饲养，只是喂饱即可，长势喜人，体型、色泽有特色，胸部以下极为修长，由此背鳍很是靠前，配上小圆脑袋，四对须，甚是奇特。

细体拟鲿
Pseudobagrus pratti

分类地位

鲇形目（Siluriformes）、鲿科（Bagridae）、拟鲿属（*Pseudobagrus*）

形态特征

体细长，前端略粗圆，后部侧扁。口大，下位，口裂略呈弧形。臀鳍起点位于脂鳍起点垂直下方之后，尾鳍浅凹形，上、下叶末端圆钝。

生活习性

中小型鱼类，生活于江河的中下水层。肉食性，主食水生昆虫和小鱼等。

地理分布

分布于长江以南各水系。

江滩采集幼体，看着那忍俊不禁的地包天以及那双呆萌的大眼也得养上一养，免不了被鱼友们调侃。别小看这鱼，野外可是个要命的角，主动追逐捕食上层小鱼，游速快如狼般成群出没，路亚界标配，最大可到一米多近两米，分布于湖泊水库江河各水域，已可人工培育为量大又是极好的食材，每每涨水必会回老家带些水库里的此鱼，放在冷冻格，用嘴慢慢地去研究。

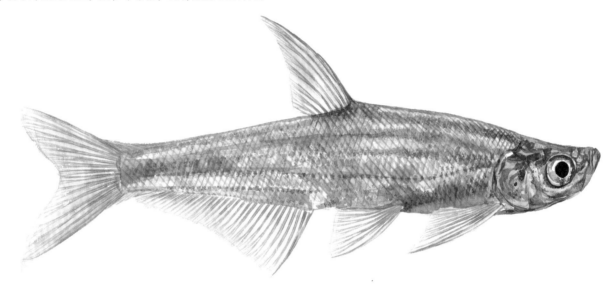

翘嘴鲌
Culter alburnus

分类地位
鲤形目（Cypriniformes）、鲤科（Cyprinidae）、鲌属（*Culter*）

形态特征
体长，侧扁，头后背部稍隆起，腹棱不完全。口上位，口裂几乎与身体垂直。背鳍具刺，臀鳍基部较长，无硬刺。

生活习性
大型经济鱼类，性凶猛，栖息于水体中上层。成鱼以鱼为食，幼鱼食枝角类、水生昆虫以及虾类等。

地理分布
黑龙江至珠江各大水系及台湾均有分布。

江里有很多鮠，奈何浪急水深，自己能力范围内实难采集，每次江边都会看看渔民的收获。虽江里生灵日渐稀少，但总还会有些收获，切尾鮠是江里较常见的一种，时常在渔民桶里有个几尾，讨要无果，就着其他种类买了两尾。江里的鱼确实凶猛，一点都不安分，不适合缸中饲养，加之捕捞时受伤，极易死掉，算是对一个类别的初次熟悉吧！

切尾拟鲿
Pseudobagrus truncatus

分类地位
鲇形目（Siluriformes）、鲿科（Bagridae）、拟鲿属（*Pseudobagrus*）

形态特征
体长，前部圆，后部侧扁。口亚下位，口裂大，近平横。脂鳍与臀鳍相对，约等长。体侧正中有数块不规则、不明显的暗斑。各鳍灰黑色，尾鳍截形。

生活习性
中小型鱼类，生活于江河的中下水层。肉食性，主食水生昆虫和小鱼等。

地理分布
广泛分布于长江干流及其支流。

我国常见淡水小型鱼中最奇异的一种，完全不同于东方物种内敛质朴的气质，第一次见的人会误认为是海水鱼种，其实身体倒没什么特别之处，细长侧扁，除了略有些透明之外，特点在于它的嘴型，下颌向体前方延伸达到整个体长的五分之一，貌似头上顶着一口随时可进攻的银针，时常让人联想起海里的旗鱼，不过它可温和多了。另一奇特之处在于它极其难养，目前得知鱼缸内养得最长的也就十天半月的，极难伺候，期望有能突破的朋友。

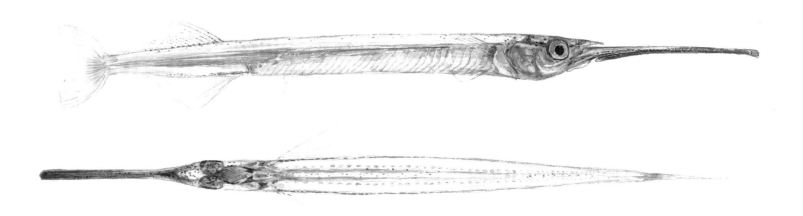

间下鱵
Hyporhamphus intermedius

分类地位

颌针鱼目（Beloniformes）、鱵科（Hemiramphidae）、下鱵属（*Hyporhamphus*）

形态特征

体细长，呈圆柱形而稍侧扁。头大，侧扁。口较大，端位，口裂平。下颌向前延伸特别长，呈针状。体侧中部有1条银白色斑带，体背暗绿色，中央自后头部起有1较宽的绿黑色线条。

生活习性

小型鱼类，生活于江河湖泊的上层。杂食性，主食浮游动物。

地理分布

主要分布于长江中下游及附属湖泊。

小眼尖头尖嘴硬须，极喜尾随从侧用嘴拱其他的鱼，其实挺漂亮的，成年后黄色的底子，深冷色的条纹，第一次见不由得惊叹江里还有这么好看的鳅。养了一次后，才知道它的厉害之处，机警贪食且极其投机，看来在江里混都不是吃素的。后来得知沙鳅类的大部分以肉食为主，看似无害，实为隐藏的小猎手。

武昌副沙鳅
Parabotia banarescui

分类地位

鲤形目（Cypriniformes）、沙鳅科（Botiidae）、副沙鳅属（*Parabotia*）

形态特征

体延长，侧扁。口下位，须 3 对。从吻端经眼至头顶有 1 条斜向黑线；体侧有长短不一的褐色横斑条。尾鳍基部有 1 深褐色大圆斑点。

生活习性

小型底栖鱼类，喜流水环境。杂食性，食水生昆虫和藻类。

地理分布

长江水系。

因为喜鱼，而武汉水域又多，特别是长江就在自己身边，所以格外关注。虽然水域近况不佳，但鱼种还是很多，经常有不认识的鱼需要识别。江水湍急，除了偶尔用用虾笼外，多数还是求助于江边搬网的渔夫。了解后，知道了江中鳅多，与我们所熟知的鳅完全不是一类。据说以前有几斤重的鳅类，当然大多数是副鳅类，习性也较凶猛，最常见的是小型的副沙鳅。武昌副沙鳅最多，江西副沙鳅也曾采到一尾，可惜当时并未绘制，这些年再没见过了。这尾是在渔夫那儿讨要的，一直当作武昌副沙鳅养着，画完后放回到了江中，没想是花斑副沙鳅，当时是觉得体型不一样，一开始不敢随意定论，只是觉得体型更宽，斑纹则更窄些，自己当时应该查阅查阅资料的。

花斑副沙鳅

Parabotia fasciata

分类地位

鲤形目（Cypriniformes）、沙鳅科（Botiidae）、副沙鳅属（*Parabotia*）

形态特征

体长，略圆，尾部侧扁。头长而尖，口下位，马蹄形。须 3 对。头部有小花斑。体背和体侧有 11 ~ 15 条横灰黑色带纹。尾鳍基部有一深褐色大圆斑点；背鳍、尾鳍有褐色斑点组成的波浪式条纹。

生活习性

小型底栖鱼类，昼伏夜出。杂食性，食水生昆虫和藻类。

地理分布

主要分布于长江、珠江、钱塘江、淮河、黄河、黑龙江。

中国原生鱼水彩绘

第一次见着是 2008 年于赤壁一餐馆，整整一缸上下翻滚等着食客们翻牌子下锅，讨要了几尾，俱因伤势过重而暴毙。第二次是 2010 年在武昌江边采得一尾，可惜幼体太柔弱，入缸当晚即被某鱼合体。这是第三次，菜市场鱼贩子，一脸盆，好友为其惊艳救得三尾，今因友海外求学得来我处，好生伺候留影观之。

紫薄鳅

Leptobotia taeniops

分类地位

鲤形目（Cypriniformes）、沙鳅科（Botiidae）、薄鳅属（*Leptobotia*）

形态特征

体长形，侧扁，腹部圆。头较长，略尖。口下位。须 3 对。鳞片隐于皮下。体呈紫色，头部和背部具虫蚀状褐色斑块。背鳍、尾鳍、臀鳍有明显的 1 ~ 2 列褐色斑纹。

生活习性

底栖性鱼类，栖息于江河中。以底栖无脊椎动物为食。

地理分布

分布于长江水系中下游及其附属水系。

3 武汉周边
（1）鄂南山区

中国原生鱼水彩绘

有了众友相伴，活动范围就大了不少，识得的鱼也多了起来，就近只能找些江河、池塘、湖泊的鱼。江水宽阔，只能探些皮毛；湖泊，或与江相通，但水环境堪忧，鱼种不多；池塘水域封闭，即使生态合适，鱼种却是很单一的，找来找去就是那些类别。武汉周边水系发达，地形多样，即使水域生态恶化，还是可以碰到些相异的鱼种。武汉区域长江以南多山地，其山势自东向西横跨湘鄂赣三省，越往山区，居户越少，生态亦会有所缓解，而近十几年来的封山育林，与江西边界的几个县市，森林的恢复程度还算不错。曾与友闲聊，谈及此事，称，据私底下的观察，湖北境内除神农架、恩施部分区域外，能称得上自然生态还过得去的就只有这片山地了。并不是青山绿水就是生态好，需得立体考量，从上至下各生态位是否正常。曾深入鄂西深山，山林中植被茂盛，远远望去还是不错的，峡谷之间，一弯溪水从远处山峦间蜿蜒而出，山腰之处缥缈少许薄雾，很美吧！近处探寻，现出端倪，一股暗暗的腥臭，再看河底卵石拖起长长的白毛，其间枯死灌木上缠绕灰淡的各色塑料袋，在空中水中迎着水流或风向编排着各自的舞蹈，而水里除了哗哗声外一片死寂。此种情形多次在深山中碰到，湖北境内，赣浙边界，川藏之地，皆如此。有次去浙江，经两省交界之地，江西境内郁郁葱葱，一过边界山林明显萧条，对比强烈，翻过一个山冈，一条不小的河流出现眼前，河岸边低矮灌木枝上的异物，如同彩旗般之多，飘荡着，与沿途农家乐、野鱼菜馆相辉映，甚是奇异。鄂南山区也有类似情形，但要好了许多，可能是山里居民渐少，雨水充沛，净化率相对高点的缘故吧！水域中的生活垃圾还是不少，特别是接近乡村城镇。完全洁净正常的水没有，整条水系富营养程度不一，但水下生态系存在，有鱼，种类、数量都还有些，相对于其他地方要好。虽如此，也已是病态，成体鱼很少，一些本应该大量分布的鱼种反而只能看到小群的幼体，而某些河段某一种鰕虎鱼遍布河床。在一具体河段，每次去岸边浅滩，都能见到被丢弃死去的小鱼，成片成片的，整理辨认了下，花鳅两种、缨口鳅、泥鳅、某条鳅、某鲌、白缘鰊、沙塘鳢，还有一种类似墨头鱼的没见过的鱼种，多为底层鱼。缨口鳅被丢弃最多，基本是亚成体，这个河段前后数次采集，此鳅活体只找到过一尾，返程时就放了。与朋友讨论，觉得可能是频繁下毒所致，鱼药从上游倒下，顺水势覆盖整个河面，至水体低氧，鱼缺氧中毒而亡，下毒人只捡拾个大者，其他皆丢弃。死掉的上层鱼顺水漂走，生活于底层的鱼死后沉底，水流较缓的情况下最后被冲至岸边，猜测的，也可能轮番用器具电击，河道狭窄，水量不大的河流，无疑是灭顶之灾。某一两种鱼因自身习性，较能抵抗此种破坏，成为优势物种，这就形成了某一河段鱼种单一的情况。在鄂南，越往山里，情况会有所缓解；如果靠近城镇，又是另一种景象了。2010年在一河段发现一种体形较大的溪流吻鰕虎鱼，临近一不小的城镇，而且紧挨着一个风景区，去过几次，一次不如一次，现在这种鰕虎鱼在此河段已经绝迹。山里的各水系也是逐年衰退，鄂南山体多为石灰岩质，因此河流中游的河床布满扁平的卵石。第一次去，卵石很干净，能分辨出石头的颜色。第二次，发现卵石变灰，拿在手里打滑。后来又去过数次，河床灰蒙蒙的，像铺了一层毯子，水与岸的交接处，干燥的卵石发白，远远望去像是沿河刷了一道石灰。前后数次，能熟知并记录的鱼种不多，倒是在一处隐蔽沟渠中找到了几种河里没有的鱼。天然的小股流水从重叠的山峦间流出，被村民简单地修筑了下，一面农田一面靠山，农田杂草遮挡，如果不是流水声，根本就不会注意到溪水的存在。水很清澈，水里的小石子也很干净，直接可以看到鱼儿在游窜。白天时可以目测到三种鱼——鳑、鰟鲏、马口鱼苗。几年中，每次路过都会去看看，基本没有太大变动。有次是深夜过去采集，看到了另一番景象。水刚刚没过脚背，流水处，头灯所照之处成群的鱼在逃窜，不时会感觉被狠狠地撞了一下，成体的宽鳍鱲、马口鱼、鳑、鰟鲏、鲫鱼、泥鳅、黑壳虾、大青虾、青鳉，已经有二十几年没有碰到过类似情景，采集时如同在超市货架上挑选货物一般，结束后只选择性地带了数尾发色的宽鳍鱲和拉氏鳑，其余的都原地放归。返程时，途经主河，漆黑的夜色下，偶尔可见河里几处移动的光影，那是正在河里电鱼的村民，一路不时还可碰到带着电瓶和器具骑着摩托车的村夫。

雄鱼，身体黝黑，脸颊部两白斑延伸至口部，采集时，深沙掩映尤为醒目。个头短小，喜斗，一小群中愈是好斗者脸部对比愈强烈。鱼身其实有条纹，因太黝黑，难以辨识，背鳍、尾鳍、臀鳍皆橙底蓝斑，被黑色一混也就显得不清晰了。面凶，却只是小团体内打闹，对比其大的鱼无害，同类间也不会来个你死我活。曾专门一小缸伺候，密度合适的情况下，相安无事。产地溪流，属优势种，脚底一小块区域就会有十几尾之多。应属于某溪吻类别，未考证，同好者皆称白脸吻鰕虎鱼，倒也贴切。

溪吻鰕虎鱼

Rhinogobius duospilus

分类地位

鲈形目（Perciformes）、鰕虎鱼科（Gobiidae）、吻鰕虎鱼属（*Rhinogobius*）

形态特征

由吻端经眼下至鳃盖后上方的暗纹将头部构建出明暗分明的两个区域，两侧暗纹所围的头顶区域为暗褐色，其中还有红棕色散状细纹；在优良状态下，暗纹以下部位呈乳白色，此区域向后可一直延伸到胸鳍基部，"White Cheeked Goby"（白颊鰕虎鱼）之称呼便由此而来。

生活习性

小型鱼类。多栖于河川及山地溪流。肉食性，以小型无脊椎动物等为食。

地理分布

分布于珠江水系。

产自桂花之乡，一毫不起眼的溪水中，大个头，面相霸道，饲养于缸内成为缸霸，眼小、头肥硕，喜欢负弱小，胆却很小，每次喂食，必会藏匿，偷窥，离远后才会出来进餐，养了两年有余，长得异常精神，可惜未有雌鱼相伴，后无疾而终。随后几年原地探寻，未见其踪迹。

李氏吻鰕虎鱼

Rhinogobius leavelli

分类地位

鲈形目（Perciformes）、鰕虎鱼科 (Gobiidae)、吻鰕虎鱼属 *(Rhinogobius)*

形态特征

体延长，近圆筒状。口端位，口裂倾斜。身体黄褐色或浅灰色，常有 5 ~ 7 个排成一列的显著或不显著的暗色斑块。眼下缘和眼前各有 1 红褐色纵纹，尾鳍基常有 1 橘色宽横带。

生活习性

小型鱼类。主要生活于急流浅滩处或藏身于砾石缝隙间。肉食性，以小型无脊椎动物为食。

地理分布

主要分布于钱塘江以南各水系及海南。

短体副鳅

　　很猥琐却可爱，胆小却贪婪，采集时是慢慢守出来的，一有动静就藏匿于石缝内，躲得非常隐蔽，却难以抵御食物的诱惑，村民们清洗食材留下的残渣，让它们一个个现身。入缸三尾，一晃近五年光景。长须小眼尖嘴，警觉异常，只要荤腥出现，立马闪现，拿个嘴巴到处拱，有时还从其他鱼嘴抢食，越养越精神。

拟鳠苗

　　在山区的溪流中偶尔会碰到，大多数是在溪流水草丰茂处，抄起时，连草和细砂石一起给带起来，在迅速流逝的网兜中扭动，不仔细辨识会被看成是只小蝌蚪。放进观察盒中，你才看到其实是尾萌态可掬的小鱼儿，类似熊猫般的以黑为主的黑白斑块有规律依次从头至尾分布，体型以及半透明状的黑，确实与田间的蝌蚪容易混淆，水中游姿也很像，摆动着小尾巴，在水底一晃一晃地前行，在自己缸内养过数月，依据观察对比，应该是某种拟鳠的幼苗，确实挺可爱的。

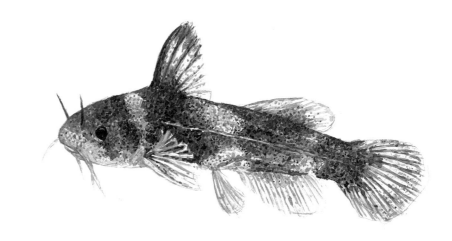

桃花瓣，艳丽而炫目，游弋于清澈河谷溪流中的精灵，曾某流域惊艳一瞥，水面红粉一闪没入水草深处，学名为鱲。我国有长鳍鱲、宽鳍鱲之分，而南北皆以桃花为其名，身披蓝绿条纹鳞甲，展翼皆着桃红，雄鱼，头若带重盔，唇边着角质硬刺如中古战士，臀鳍伸展至尾部，桃花一片，艳丽无比，雄壮，美哉，壮哉！

宽鳍鱲

Zacco platypus

分类地位

鲤形目（Cypriniformes）、鲤科（Cyprinidae）、鱲属（*Zacco*）

形态特征

头短，吻钝，口端位，稍向上倾斜，眼较小。体色鲜艳，背部灰黑色带绿色，腹部银白色，体侧有 10 ~ 15 条垂直的黑色宽带纹，各带之间有许多浅红色小点，体侧鳞有金属光泽。

生活习性

中小型鱼类，喜嬉游于水流较急、底质为砂石的浅滩。杂食性，以浮游甲壳类等为食。

地理分布

我国东部、南部包括台湾广泛分布。

中国原生鱼水彩绘

崇阳鮁
（顶视）

　　鮁其实是很常见的类别，只要是卵石、石块基底的河流里都有分布，但很难见到，每次野外只要是留意都能采集到一两尾幼苗，成体从未采集到，究其因是其昼伏夜出、隐秘性猎手的缘故。眼睛极小，触须发达，体无鳞，鱼鳍除尾鳍外都柔软细小，养在鱼缸中，除了记得夜深月黑时喂食外，几乎可以忽略它的存在，体表色泽根据不同环境色而各地略有差异，养过一两尾，无疾而终，估计是忘了夜间喂食给饿死了。

白缘鰃

Liobagrus marginatus

分类地位

鲇形目（Siluriformes）、钝头鮠科（Amblycipitidae）、鰃属（*Liobagrus*）

形态特征

体长形，头平扁，颊部特别膨大。口端位，口裂宽大，呈横裂状。须4对，较长。眼极小，位于头侧上方。臀鳍后缘游离，不与尾鳍相连，尾鳍平截。

生活习性

小型鱼类，喜流水，多群居于洞穴或石缝中，昼伏夜出。肉食性，主食水生昆虫。

地理分布

长江水系中上游。

（2）鄂东北支流

中国原生鱼水彩绘

武汉江段北面除少量过渡平原外，自北向东为大别山山脉环绕，大别山为变质岩构造，山体多花岗岩、片麻岩，数条长江支流皆发源于此山脉，探寻多为靠东边区域，其间河流河床构成有异于鄂南溪水。河流中上游，由大到小的浅色粗硬卵石，黄蜡石即出自类似河道。河底多为黄白色坚硬沙粒铺就。到了中下游，白沙侵占了整个河道，故里地处源自大别山区某一河流的中下游。闲暇时，最喜去河边玩耍，枯水季站在干净的沙洲上，漫漫的白沙，有一种身处海滩的错觉。临近入江口，沙粒更细，并与泥混合，呈冷灰色，接近江沙的样子。曾去过其中一支流入江口，极为宽广，数只渔船斜靠在干涸的泥沙上，一处一处的浅坑，远远的沙滩尽头可见行进中的江轮。同行好友称，汛期时，河水溢满河道，巨大的渔网一个接一个地覆盖河面，数量众多的木质渔船穿梭其间。我们去时未有任何收获。另一条离江十几里的河段，依旧是没有任何发现，除了疙疙瘩瘩的泥浆与几个水螺外，可能是季节的缘故吧！继续向北，河沙变白，显得干净了不少，虽是冬季，浅滩处出现成群晒太阳的马口鱼。抄网可以直接探到河底，有中华花鳅以及小鳔鮈，沙质河流中最常见的类别。而另一条河，平原区域的中段，距河口有几十千米远了，河滩长满杂草，水草靠岸边生长。高体鳑鲏、青鳉、黄黝、圆尾斗鱼，居然采集的是这样的组合。在同条河的更上游，不到十里的样子，却有了不一样的发现。河水并不洁净，有些浑浊，一当地不小的水库就在河的上游，附近还有一火力发电厂，并且沿途沿河居民不少，生活垃圾污染随处可见。这处水域夜采过几次，都是可下水的季节，站在河里还是能感觉到水温的不同，明显有别于气温。斜方鳑、粗纹暗色鳑鲏、高体鳑鲏、小鳔鮈、棒花、似鮈、鲫鱼、青鳉、泥鳅，居然能采集到这么多的类别，还不包括我们未能辨认或没有采集到的种类，白天呈现的景象难以相信会有这样的收获，虽如此但还是有些担忧，水环境并不乐观，数次比较下来，并未朝好的方向发展。最后的一次采集，就没有再看到似鮈，斜方鳑也只采集到一尾，河里数量比较多的小鳔鮈在总量上少了近一大半，令人担忧。往东边，山脉与安徽搭界，大别山主峰也位于此处，亦是我家乡所在。进山了，河流开始蜿蜒起来，海拔起伏不大，很平缓，水质也好了一些，也是夜间采集，水深处不敢涉及，而且挖沙船曾经遍布类似河段，不时有莫名的深坑出现在河道中。下水采集的点，白天须勘探好才行，否则很危险。鱼并不多，但能采集得到，花鳅，银鮈，棒花还有宽鳍鱲。宽鳍鱲与鄂南山区采集到的种类明显不同，发色、斑纹、头型和鳍条都有区别。假期返乡，只要时间充裕，都会在周边水域探寻。近三十年来，县城附近河流已不是以往的模样，因土生土长，其变迁历历在目。沿河成片的树林沙滩已成历史，挖沙船自下游而上，几年时光，沙滩全无，深坑和泥沙，倒是很适合钓者，可以钓到银鮈、马口鱼、宽鳍鱲、子陵吻鰕虎鱼、鳘鲦、红尾鲌、黄尾鲴、鲫、鲤、黄颡鱼。树林消失，两岸满是楼宇，水浑。只有驱车沿河堤上行几里，才能找到可采集的点。砾石浅水滩，鱼很少，大多为亚成体和幼体，有马口鱼、花鳅、小

鳘鲦、某吻鰕虎鱼。花鳅从未采集到成体，儿时在浅水沙滩玩耍，故意涉水前行，驱赶着成群的大个花鳅慌乱钻入沙中。那年暑期，在另一处河段，忙活了两个小时只找到花鳅、棒花、鳘鲦的苗各一尾。县城四周环山，易找到布满卵石的溪流，曾在类似水域采集过成体马口鱼，光唇鱼和缨口鳅。其中一次，穿过一小片竹林，溪流中，成群的缨口鳅趴在卵石上啃食嬉戏。此后几年再去，竹林溪水依旧，缨口鳅却不见踪影，只剩下各种小水虫、黑壳虾。最上游为巨石河段，只在某景区内探寻过，水异常清澈，除游客丢弃的垃圾外未有太多污染，水凉，比气温低上不少，很多黑壳虾，只见到一种鱼，成体游速快，喜钻石缝，很难采集。采集了几尾幼体，养了一段时间，可能是某种鲴。再往上游，落差越大，水量渐少，水里就只见虫子、黑壳虾和某种蛙的巨型蝌蚪了，那蝌蚪居然被家乡的村民认为是娃娃鱼。蝾螈应该是有的，曾在木兰山区类似区域找到过，路

边几个很不起眼的浅水坑，下雨后山体渗出的一小股水汇集而成。深夜，漆黑一片，被起伏的蛙声吸引过去，两栖类不太懂，头灯下，朋友认出三种蛙，有大量的黑壳虾，先后发现三只中华蝾螈。那条河名为浠水，家乡段称东河，下行不远就是一不小的水库，白莲水库。听老人讲，水库未修之前，河里可通航，货运客运均可，直通长江，上武汉，当年爷爷辈做生意时，山里收的天麻、茶叶、茯苓、桐油都是如此辗转去往武汉运往各地。从记事起，只见过站在小划子上的渔夫，河里的水，寻常时最深处只及成人腰部，当然不算河水洄流深潭的位子，河水清澈，当年颤颤巍巍站在独木桥上，清晰可见桥下逐水而去的鱼群。

巴河小鳔鮈

　　扬子江支流众多，巴河，武昌段支流其一，细沙铺底，其内多精灵，小鳔鮈，其貌不扬，却最为呆萌，性温和，底层滤食，喜群居，只在同类间小吵小闹，甚为可爱！

本地静水中底层常见鱼种，鱼友老思，梁子湖觅得数尾相赠。这货初观其貌不扬，仔细辨识才识其异：一，身披斑点，如文士着墨随意点染，墨色间自然侵染，古意盎然；二，头型夯实憨厚，头顶至鼻端起伏巨大，鼻孔部深陷其下，嘴型下位又着肉质短须，看似寻常，实为惊人；三，背鳍阔，亮旗时如巨帆，甚是雄壮，而雄鱼胸鳍更为奇特，靠外边缘着锋利锯齿，真乃一对凶器也，实为争妻护幼，其性温和，童叟无欺。

钝吻棒花鱼

Abbottina obtusirostris

分类地位

鲤形目（Cypriniformes）、鲤科（Cyprinidae）、棒花鱼属（*Abbottina*）

形态特征

体粗壮，吻短钝，口下位，呈马蹄形，下唇中央为一对较大近圆形的肉质突。鼻孔前方凹陷。体暗灰色，体背有 5 块黑斑。背、尾鳍有多数小黑点，其他鳍无明显黑点。

生活习性

小型鱼类，底栖型，喜静水，主食底栖无脊椎动物，也食植物碎屑。

地理分布

长江上游。

罗田宽鳍鱲

　　罗田紧邻自己的老家，大别山区风景秀美之地，学生期间经常为求学路经此地，当时印象最深的是平缓山地中不断出现的溪流，停车转乘时，下到河边可以看到清澈河水中很多半个巴掌大的长臂河虾在那儿觅食。鱼种与大别山区其他河流类似，小鳈鮈、花鳅、鳑鲏之类的，也有马口鱼和宽鳍鱲，游速快的不易采集，在不伤鱼的情况下，夜采是最好的选择。宽鳍鱲都是这个时间段采集到的，确实很艳丽，难怪各地都把它们称为桃花瓣，与其他地方的宽鳍鱲比起来，感觉除了艳丽外，更显清秀，色泽、头型、体型和鱼鳍，干干净净，就连雄鱼嘴边的追星都显得很低调，确实与那里的山、水、人一般，低调，干净，秀丽。

中国原生鱼水彩绘

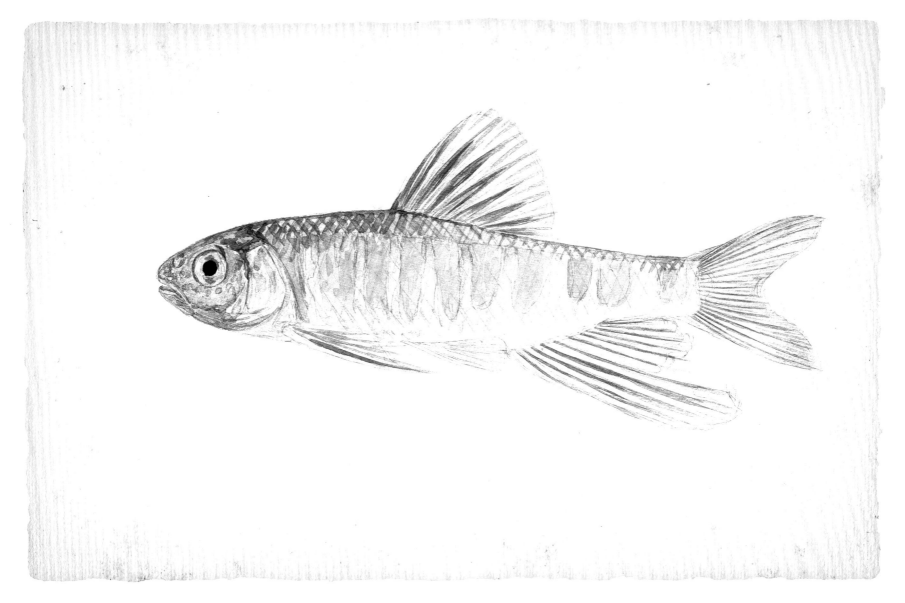

中国原生鱼水彩绘

鳑鲏中最为小巧可爱的一类，早有耳闻，如同其名，粗纹暗色，体侧靠中心区域鳞片边缘附较粗暗冷色泽，成暗色网格状，体侧的黑线对比强烈，一直延伸至尾，配合其体色与斑块，极为不同。因其体型小，野外往往当其为其他鳑鲏幼鱼，入缸观察才现出端倪，觉得较之其他类别对水质要求略高，只在溪流中采集到。

方氏鳑鲏

Rhodeus fangi

分类地位

鲤形目（Cypriniformes）、鲤科（Cyprinidae）、鳑鲏属（*Rhodeus*）

形态特征

体侧扁，背鳍起点处为体最高点。头小，口端位，口角无须。尾鳍叉形，侧线不完全。尾鳍中部的条纹是蓝黑色。背鳍和臀鳍呈橘黄色。

生活习性

小型鱼类。

地理分布

分布于珠江、长江、黄河、黑龙江等水系。

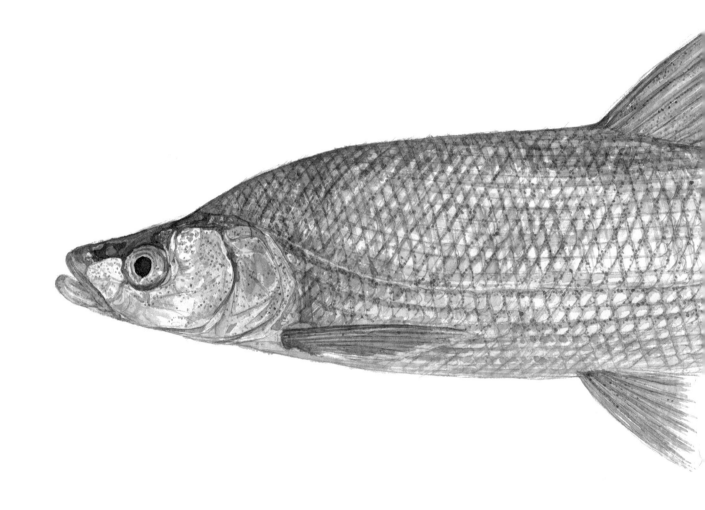

蒙古红鲌

中国原生鱼水彩绘

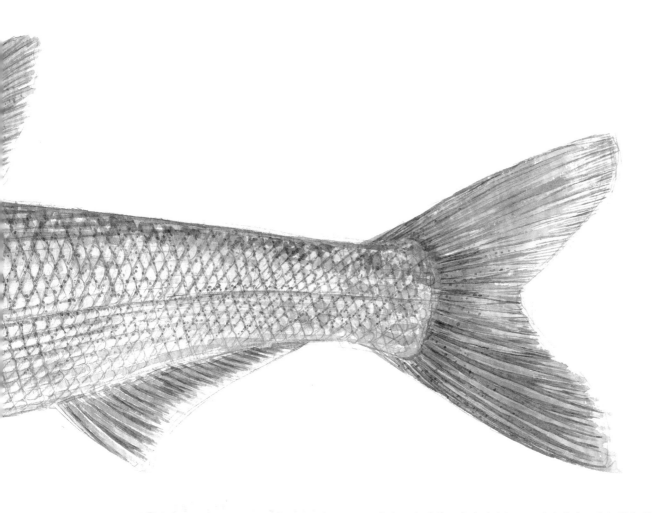

　　蒙古红鲌，很常见的鱼种，亦是路亚者的标配，每年涨水季节，家乡的东河、下游水库中不少鲌类翻越网栏逆流而上，只有这个时候的河流中才能见到红尾鲌，河边的钓者总能有所收获。胸鳍、腹鳍、臀鳍以及尾鳍的下部呈现出橙红的色泽，在其泛青的体色下显得异常明亮。这个时节，菜市场的鱼摊往往会摆上一整排，每每见到整排其美丽的鳍色，不免心生惋惜。

数年野外采集，所涉及河流几乎都遭受不同程度的破坏，体型稍大点的种类极为少见，而一些区域即使最普通的类别也仅存少许幼苗。鮈类碰到不少，多为小型鳈鮈类，似鮈，体型就比它们大了将近一倍，因是夜晚出来觅食，采集到两尾，一尾放回一尾带回，入缸后观察，体态、斑纹与普通鮈类相似，只是吻部前突不少如同马脸，食性也类似，为温顺的滤食者。应为发现流域的常见鱼种，可惜无节制的破坏，它也成了少见的类别了。

似 鮈
Pseudogobio vaillanti

分类地位

鲤形目（Cypriniformes）、鲤科（Cyprinidae）、似鮈属（*Pseudogobio*）

形态特征

体长，圆筒形，尾柄细长，稍侧扁。背部在背鳍前略隆起。头大且长，前尖后宽。吻长，平扁。口下位。须1对，较粗。体侧有6～7个大黑斑，横跨体背具5个大黑斑，背鳍、尾鳍上黑点排列成条纹。

生活习性

小型鱼类，生活于砂砾底质的流水河段，底层鱼类。杂食性，主要以底栖动物为食。

地理分布

主要分布于黄河以南各大水系。

中国原生鱼水彩绘

在湖北本地除了大鳍鱊外，斜方鱊的个头应该是算大的了。武汉周边县市的溪流中采集，游速快，只有野采才能有所收获，从基数来讲种群数量并不多，先后采集过数次，每次也就只能找到四五尾，而寻常的高体鳑鲏，可以采集到二三十尾。近年再去同一流域，始终没采集到。采集的斜方鱊，养过一尾，发色后呈青色，口部追星明显，其体型看上去很威猛的样子。

斜方鱊

Acheilognathus rhombeus

分类地位

鲤形目（Cypriniformes）、鲤科（Cyprinidae）、鱊属（*Acheilognathus*）

形态特征

体侧扁，轮廓呈长卵形。口角具须 1 对，侧线完全。近鳃盖上角具一黑斑，占据 2 ～ 3 个鳞片。尾柄纵带黑绿色，向前延伸不超过背鳍起点。

生活习性

小型鱼类，喜生活于水草较多的静水或缓流水域。以高等水生植物和藻类为食。

地理分布

分布于长江、澜沧江水系。

中华花鳅，砂石底溪流内很常见的鱼，很温柔，身体修长的沙行者，儿时称其为"沙坠儿"，野外稍受惊吓必遁沙而逃。自家鱼缸内，把身体埋在细沙中，只露眼部以上部位，就这样互相对视着，估计它心里在念叨着"你看不见我你看不见我！"花鳅体侧极美，负规则斑点，地域差异极大，体型长短粗细亦有不同，偶有友来访观鱼，几乎都会嚷嚷"泥鳅，泥鳅，怎么斑纹这么漂亮？"每次都得解释一番。

中华花鳅
Cobitis sinensis

分类地位

鲤形目（Cypriniformes）、花鳅科（Cobitidae）、花鳅属（*Cobitis*）

形态特征

体延长，侧扁，腹部圆。口小，下位。体侧沿纵轴有5 ~ 17 个斑块或为 1 条宽纵带纹，背部有 13 ~ 21 个棕黑色斑块，尾鳍基上侧具 1 黑斑。

生活习性

小型底栖鱼类，栖息于江河中。杂食性，以小型底栖生物、藻类为食。

地理分布

主要分布于珠江、黄河、闽江等水系。

中国原生鱼水彩绘

英山小鳔鮈

　　老家的河里很多，喜沙质基底，以前总把它当作棒花了，开始认真识别后，才发觉区别还是挺大的，虽为亲属，体型、斑纹、习性还是有不少差异，小脑袋，身形纤细萌态，比起棒花敏捷多了，喜群居，抗浪而行，只出现在江河中，成体后也比棒花小不少，性情温顺。

缨口鳅，卵石基底溪流中常见的鳅类，底栖类别，身体已有扁平趋势，腹鳍已形成吸盘状，在湍急的激流中有较强的吸附力，为啃食藻类，嘴巴成下口位。分布区域很广，在去过的省份都有碰到，各地流域不同，从斑纹、体色到体型都有微小的差异。因其对水质环境有一定的要求，破坏为中等程度的溪流已经难见其踪迹，曾在老家一溪流的上游碰到过，时隔两年后数次寻觅，水质看上去还算清澈，但再也没见到它们了，很是遗憾。

缨口鳅

Crossostoma davidi

分类地位

鲤形目（Cypriniformes）、平鳍鳅科（Homalopteridae）、缨口鳅属（*Crossostoma*）

形态特征

体长。头短小，平扁。吻长，前端宽圆，口下位。吻须长大于眼径。体背具 9 条暗色横带，头顶具黑色小点，尾鳍基具 2 条暗色带纹。

生活习性

小型鱼类，生活于江河上游。杂食性，啃食附着性藻类及底栖小动物。

地理分布

主要分布于闽江中上游。

英山鰕虎鱼

　　自己老家的河流也会经常造访，观察采集一番，鰕虎鱼以前也曾经见识过，在岸边的浅滩处，多数是子陵吻鰕虎鱼。开始对鱼有些识别后，碰到的鰕虎鱼也会认真观察一番，没想老家这条流量较大的河流中还会有溪吻鰕虎鱼的存在，采集了几尾饲养，当时没注意保存资料，当开始准备绘制时，自己的鱼缸内就只剩下这尾亚成体的鰕虎鱼了，如此就难以确认具体是哪种溪吻鰕虎鱼了。

Chapter 3

第三章　　艺术之余

　　少年时爱上了艺术就一直做下来，这里画画那里画画，后也带着学生们这里晃晃那里晃晃，跑了不少地儿，每到一地难免借机各水域觅上一番，一晃也是几十年光景，鱼也认识了不少。

1 皖南赣北

中国原生鱼水彩绘

安徽以南、江西以北，是个奇妙之处，想来我们应该是最早去往那里的艺术生了，因画家的发现而逐渐为世人所知晓，如今每年一度婺源油菜花不知吸引了多少游客前往，其实最吸引人的是这遍野的黄花！自然的赋予与历史的沉积，为世人所忽视，多次前往依旧为之迷倒。有山却不高，有水却不深，气候宜人，水量充沛，既有田庄，亦有奇峰，更四通八达平稳的水系联络外界。乡村密布，集众而居，耕读渔樵，几乎村村出官员商贾儒生，如不是乱翻了几本他人著作，岂知这白墙黑瓦间曾经的故事。屋门口稻场铺地石块上的明清碑文，溪流石块间露出的一小块一小块瓷片，残垣断壁杂草丛中任人丢弃的石雕砖雕木雕，无不透露着怡养万物的过去，以致

残存瓦砾被人附以徽派之名。多年以后，已无描摹兴致，更多的体验参悟，每每携徒前往，无不先唾沫一番，各自安心就位后，遂沿水逐村晃荡。水好，支流纵横，小沟小渠，小河大河，随处都离不开水，曾经也善于用水，每村必环水而居，每河必绕村而去，自开水渠，引水入田入村，修筑塘堰，有些村落几乎家家通活水，一两官员商贾之家修筑花园水池，溪水野鱼入宅，有进有出。现今，水已没当年清澈，但与其他各处相比，能在如此大区域维持下来已是不易，楼已渐破败，屋还剩残垣，愿水能珍惜。

学生时初入其地，即为水中之物迷恋，当年不似如今，九月溪水已凉，有友下河嬉戏，冻得嘴唇发青，又无器具，同窗好友或山间屋宇留恋，或描摹天成

自然，也就不太好意思专注此物了。闲时趁空借了些厨房器物，水沟里弄了几尾，过过瘾也就赶紧放了。

写生带队，身正为师，学生没安顿前也未敢造次，众徒安心于山水后，才敢避开众人，探寻一番。大河水深，蹲在岸边静静观察，一开始除了流水砂石，空无一物。不一会儿，按捺不住的精灵就开始出现了，水底，中层，上层，立体呈现，都是些个小的，个大的远远地在深水区游弋，轻易不会现身。趴在石头上的憨货，目测就有四五种，石缝间盘桓啃食的，有披横纹的，有如斑马条纹的，有大斑块的，也有普通无斑无色的。中层，游速迅捷窜来窜去看不清身形，上层则是成群结队如同游街一般。最有意思的是村民浆洗衣物的大石条，

上面隐约的碑文，沉浸在溪水中，成群的小鱼顺着水流趴在碑面上，人走近了都不跑，如此认真地用着小嘴唇解读着百年前的刻文。小河，水浅，布满卵石，硌脚，需穿上鞋子下水，其实在此种水域拿着抄网能采集到的类别很有限，多数为底栖种类，会有领地意识，发现动静也不会跑太远，耐心的静候就可以找到它们。河里砂石多为冷灰或暗色，里面的精灵身小却是体色艳丽，只有把它们请上来，凑近了才看得出它身上的变化与涂装。第一次采集，只收获了六七个种类，带回武汉分给众友后，无不惊叹。为此，武汉的爱鱼者专门组团前往探寻，人多力量大，时间也充裕，采集的活体以及镇上早市的鱼摊，综合统计，一个小区域能辨认确定的鱼类有四十三种之多。一条水域有如此之多的鱼种，令人惊叹，当然纯天然未破坏的状态下，任何一个水量充沛的河流都会如此。整个水域，因落差平稳，除上游山区有一两个小型筑坝水库外，中下游几乎一马平川，未有太多阻挡，想来这也可能是其中一原因。当地基本集族而居，对本乡本土有一定的维护意识，村庄组成形态虽有巨大冲击，但几百年来旧有的乡约习俗尚存，对山川林木的破坏比较节制，同时几十年来的不便利交通，也使破坏力逐级减弱。当地知名度的提高带来了大量的学生和游客，环境的压力逐年增大，到我带学生前往时，河里的水已没当年自己做学生时那般洁净，越是景区水质越差。旅游业的兴旺，餐饮业亦接踵而上，村民们捕鱼的器械由网捕逐渐换成电捕，杀伤力剧增，发现四十种鱼的水域，短短几年光景，河里鱼类种群衰退严重。清晨趁早去一村民家，见他收网后的渔货，放置一夜的地笼，满满的一箩筐螺蛳，鱼虾很少，倒是见着了上几次未曾采集到的赣黑鳍鳈和某种当地的鳌鲦类别，同去的好友都叹息，这片水域已经没有了再去探寻的必要。2002年第一次涉足，2012年正式在此区域采集，此后多次重返故地，如今却要无奈地放弃，确实难以接受。与村民聊及河流，称当地把河流分段承包给了相应的个人，未做考证，希望这不是真的。毕竟不是专业河流考察，涉及的区域很局限，只是因机缘而去，获取了某些信息。

另一景区，因游客众多，河流水质比其他地方差上很多，生活垃圾随处可见，水面漂浮着油渍。但景区范围内，河里的鱼却非常多，除了鱼种多之外，野生淡水鱼里的某些中型鱼种，居然可以看到成群的成体，五六十厘米长的野鱼群游很是壮观。曾打算采集，随即就被村民喝止，当时不爽，后来一想却是幸事，这段水域能维持下来，整条河流就有了恢复的某种可能。出了景区范围，溪水的下游，还是有人乘夜色用电偷捕，河道内一片萧条。本人最不喜景区，而此景区则是一另类。

因为皖南赣北的不同，专门约友同行采集数次，一次无意中的决定，让我碰到了至今保存最为自然的一条溪流，那儿流淌着三十几年光阴里见过的最洁净最健康的溪水。地点是参考卫星地图决定的，群山之间，植被茂盛，村落稀少。实地前往确实如此，很少的一两个村落沿河一边分布，路明显精心修缮过，路的一旁就是河，对面河岸就是村落，驱车路过时，居然有少年蹲在自家窗台垂钓。河道中还是有少许生活垃圾。确定好合适的采集地点后，才真正感受到另一种震撼。站在河里，波光的掩映下，水面显得异常通透凝重。满河的鱼，站在水深至腰间的位置，都可清晰辨认出水中鱼的类别，成体缨口鳅以集群的方式趴在石头上进食，卵石旁几种不同的鰕虎鱼互相争斗，中层的鱼一闪而过，靠近水面，发色了的鱲和马口鱼成群地嬉戏，不时还可看到其腹鳍上艳丽的橘红。同去的孩子们兴奋异常，全都下水了，带上潜望镜就可以趴在水里看着身边成群结队的野生小鱼。一开始，有村民过来询问，解释后，看了我们带的器具以及河里正在玩耍的小孩，就没再过多干涉，很友善。有一两垂钓者路过，好奇之下打听，得知，整个河段即使钓鱼也只能用最小的钓具，而其他一切捕鱼行为严令禁止。只用了最简单的小抄网，对采集的鱼进行简单的归类，近二十种之多，只带回了认为与其他水域不同的种类，后查阅图片，才发现被认为常见的未带回的鱼种，也明显有别于我们的认知。

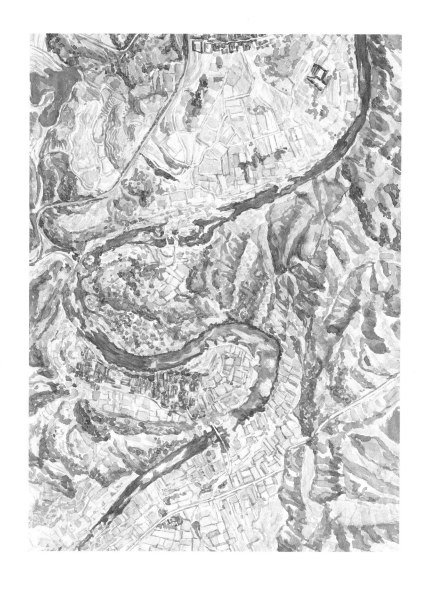

中国原生鱼水彩绘

灌溉的水沟中发现的，偏大的体型以及腹鳍末端一抹粉白，在一群鳑鲏中显得很另类。鱼很警觉也很聪明，一群人费了老大的劲才把它给请出来，鱼缸里待了三个月才开始露面。很霸道，目前那口缸里中表层只敢留它一尾了，曾经一尾体型比它还大的北方鱼，被逼得天天窝在角落里不敢动，换个位置才活泛起来。短须鱊，确实名不虚传，尤其嘴边的那对长须，很立体很有型，见过的小伙伴都赞叹，这哪是鱼须，简直是缩小版的龙须。

短须鱊

Acheilognathus barbatulus

分类地位

鲤形目（Cypriniformes）、鲤科（Cyprinidae）、鱊属（*Acheilognathus*）

形态特征

体侧扁，轮廓呈长卵形。口角具须 1 对，侧线完全。近鳃盖上角具一黑斑，大小占 2 ~ 3 个鳞片。尾柄纵带黑绿色，向前延伸不超过背鳍起点。

生活习性

小型鱼类，喜生活于水草较多的静水或缓流水域。以水生高等植物和藻类为食。

地理分布

分布于长江、澜沧江水系。

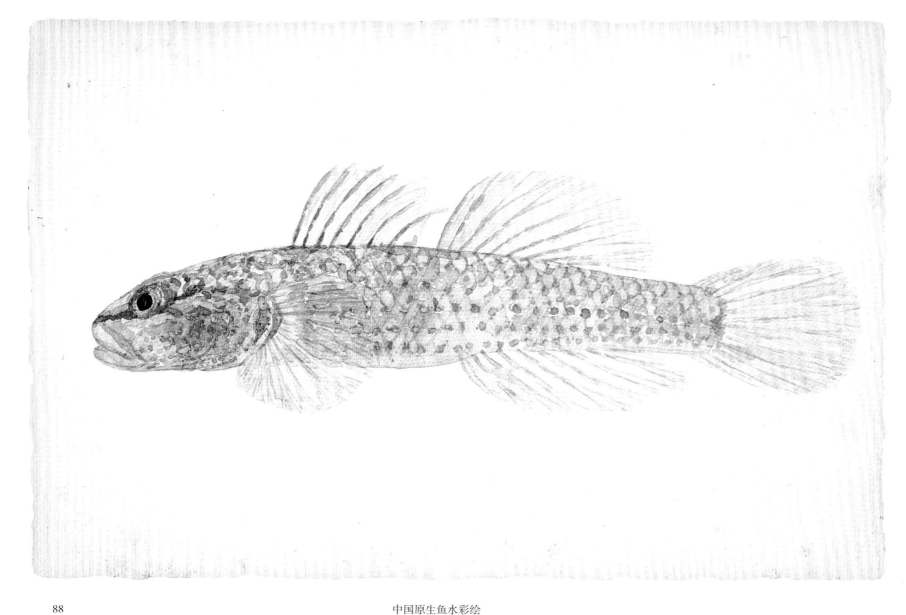

中国原生鱼水彩绘

本国原生鱼有时识别起来很困难，区域隔离出现微小差异，同种不同水域表现迥异。朋友们都觉得这尾鱼是神农吻鰕虎鱼，但与自己在其他区域采集的神农吻鰕虎鱼区别太大了，体型色泽都不及，头型、脸型以及斑点分布都是神农吻鰕虎鱼的模式，也可能是未到繁殖阶段，也可能就是这个水域的表现方式。

神农吻鰕虎鱼
Rhinogobius shennongensis

分类地位
鲈形目（Perciformes）、鰕虎鱼科 (Gobiidae)、吻鰕虎鱼属 *(Rhinogobius)*

形态特征
体延长，后部侧扁。口中大，端位，口裂倾斜。腹鳍胸位，愈合呈圆形吸盘状。雄鱼的第一背鳍前部有一大明显的荧光蓝色斑点。

生活习性
小型鱼类。主要生活于急流浅滩处或藏身于砾石缝隙间。肉食性，主食小型无脊椎动物。

地理分布
广布于我国中部及东南部河溪中。

鳑鲏中最黄的一种了，雄性状态好时，颈部、腹部和整个尾部都是黄灿灿的，臀鳍黄色底靠外侧朱红色铺就，最边缘冷黑色钩边，背鳍则是朱红色涂边、冷黑色细线收边，其他部位的色泽与其他鳑鲏相当。江西安徽卵石铺底的溪流里最多的类别，难怪被称为石台鳑鲏。

石台鳑鲏
Rhodeus shitaiensis

分类地位

鲤形目（Cypriniformes）、鲤科（Cyprinidae）、鳑鲏属（*Rhodeus*）

形态特征

体高而侧扁，呈卵圆形。眼中部呈黑色，背鳍、臀鳍边缘呈橘红色，尾柄基部亦呈橘红色；鱼尾柄正中有一纵行的黑色条纹向前延伸不超过背鳍起点。

生活习性

数据待查。

地理分布

安徽石台秋浦河，属长江水系。

溪流鰕虎鱼分布极广，往往几种共生一水域，以致有些不易辨认识别，普通爱好者只能通过外形的差异做个粗略的认定，如体型、斑纹、嘴型、眼斑等，不严谨但只能如此。安徽黄山附近某风景区内采集，中等体型，后请教好友，认为是密点吻鰕虎鱼。

密点吻鰕虎鱼
Rhinogobius brunneus

分类地位

鲈形目（Perciformes）、鰕虎鱼科 (Gobiidae)、吻鰕虎鱼属 (*Rhinogobius*)

形态特征

体呈圆筒状，前部浑圆，后部侧扁，头平扁。背鳍两个，前后不连接，除胸鳍为白色半透明外，各鳍均为酱红色并附有蓝色点状斑。鱼体呈灰色并杂有蓝色与红色斑点，眼眶前缘有一红色细纹延至口裂边缘。

生活习性

栖息于山涧清澈的溪流中，以水底砾石间的小型无脊椎动物为食。

地理分布

分布于浙江等省。

中国原生鱼水彩绘

中国原生鱼水彩绘

并不知晓能长得那么大，第一次见也就普通鲫鱼大小，体型都很像，头略尖，体色就是泛灰泛红的浅黄色了，游速极快，几个朋友合作才采集到一尾四五厘米大的，到了夜晚，在岸边卵石堆中采集到了三尾两厘米左右的幼体。再一次见到时就是群游的成体了，肥硕慵懒，如果不是它们头部一对眼睑的亮色反光以及体色，都觉得是放大版的锦鲤了，都是几千克重的模样，而浅水区则是一群群的亚成体，这时才得知产地称之为军鱼，是常见的一种食用鱼。很早就听小伙伴提及，此鱼凶猛肉食，自己饲养时还不觉得，一次野外采集，捞了一尾成年小鳘鲴，观察后放回水中时调皮了下，正好扔在了一群倒刺鲃的附近，整个就扑了过来，最靠前的那尾，口一张，体型不小的鳘鲴直接给吞进了大嘴中，然后散去，留着我站在岸边一脸懵。

光倒刺鲃
Spinibarbus hollandi

分类地位

鲤形目（Cypriniformes）、鲤科（Cyprinidae）、倒刺鲃属（*Spinibarbus*）

形态特征

体长形，侧扁，腹部圆，头后背部呈弧形。口下位，呈马蹄形。须2对，吻须稍短。背鳍硬刺粗壮，在背鳍前有一向前平卧的倒刺。背鳍边缘有黑边，各鳍浅黄色。

生活习性

生活于江河上游水域的中下层。草食性，食植物碎片和丝状藻类。

地理分布

长江、钱塘江、闽江、九龙江、珠江、元江及海南岛和台湾。国外分布于老挝和越南。

初识光唇鱼，多半会被其一身的斑马纹所吸引，越是幼体，纹路越清晰靓丽。婺源这尾，采集时已是成体，照例带回，入缸后不久就成了缸霸，无论何鱼，但凡靠得太近都被其驱赶，原先祥和的缸境变得冲突不断，观察采影后送给了有条件让其纵横的鱼友。

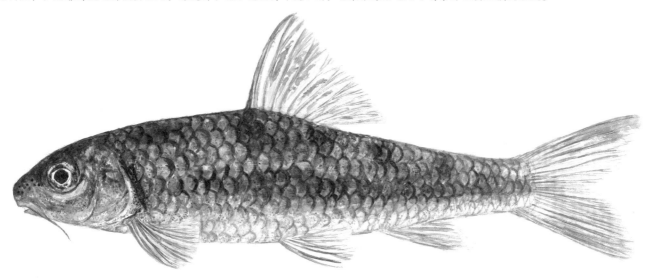

厚唇光唇鱼

Acrossocheilus labiatus

分类地位

鲤形目（Cypriniformes）、鲤科（Cyprinidae）、光唇鱼属（*Acrossocheilus*）

形态特征

体延长而侧扁。口较小，下位，呈弧形。须 2 对，较发达。体侧具 6 条跨侧线的垂直黑色条纹，雌体显著；雄体沿侧线还有一条黑色纵条纹直达尾鳍基部。背鳍和臀鳍鳍条间膜为黑色。

生活习性

小型鱼类。杂食性，以水生昆虫幼体、藻类等为食。

地理分布

分布于长江水系、浙江钱塘江、福建汀江、台湾、海南。

婺源缨口鳅

　　我国水域缨口鳅有好几种，目前自己还是不能分辨得太清楚，所以采集的只能统称了。大体成年的缨口鳅多偏冷麻灰色，斑块条纹不一，总体来讲不能以美丽称呼。采集时，如不是体型的缘故都觉得像某蟾的幼虫，越大越是难看。缨口鳅的幼年却是很萌，两三毫米，深色的斑块在暖暖的体色下很是突出，方方的小黑斑有规律地组成竖条状的宽纹，像是在做几何游戏，配上肥嘟嘟的身体、圆圆的脑袋、大大的黑眼圈，大自然总是把生灵的幼娃打扮得如此萌态。

花鳅

　　花鳅见过不少，普通的中华花鳅、条纹花鳅，还有几乎无斑纹的无纹花鳅，还有一尾体长是普通花鳅两倍的某大型花鳅。这尾一开始是当成中华花鳅采集回家，后发现斑纹有区别，头型更尖，身体较普通花鳅粗短，背鳍更靠近头部，查阅了下，觉得应该是稀有花鳅，体色丰富，很漂亮，同一水域最少碰到了三种不一样的花鳅。

很美的一种小鱼，难以名状的优雅，虽然有着略带喜感的称谓，小鳈。布满卵石的清澈溪流里很难被发现，极其谨慎害羞，不似其他同类，受到惊吓四窜奔突，而是不露声色地轻轻一闪，藏匿于最近的缝隙之内，等到情况缓和了很久，才慢慢晃出藏身之所。即使被追赶，也是慢慢悠悠地躲着捉迷藏，有时明明手都已经快接近它了，一丝都不惊慌，下一秒就躲进石缝中，奈何不了它。体型浑圆小巧，总是两三尾一群，贴着水底，如同游动的小绵羊般，在卵石块间觅食。

小　鳈

Sarcocheilichthys parvus

分类地位

鲤形目（Cypriniformes）、鲤科（Cyprinida）、鳈属（*Sarcocheilichthys*）

形态特征

体长，侧扁，头短小，吻部短钝。口小，下位，呈马蹄形。体侧自吻部至尾鳍基部有 1 条黑纵纹，黑纹宽度约等于眼径，各鳍浅黄色。

生活习性

小型鱼类，中下层鱼类。杂食性，食藻类和水生昆虫等。

地理分布

分布于长江以南各水系。

中国原生鱼水彩绘

曾多次在网上看到其身影，南方一明星小鱼种，长麦穗鱼。野外只见过一次自然活体，在一景区保护区内，两尾，水中一瞥而过，很是优雅，从未想能在自己去过的水域采集到，而且是采集过数次的水域。夜色下，电鱼人席卷而过，岸边漂浮捡起，如今不仅痊愈，而且长大，每次喂食，都是头朝下慢慢地漂过来，猛地一吸，接着慢慢漂走。

长麦穗鱼
Pseudorasbora elongata

分类地位

鲤形目（Cypriniformes）、鲤科（Cyprinidae）、麦穗鱼属（*Pseudorasbora*）

形态特征

体纤细，近长圆筒形。头小，甚尖。吻尖细，平扁。口极小，上位。无须。体侧具 1 条较宽的黑色纵纹，其上方具 4 条细黑纵纹。尾鳍基具 1 大黑斑。

生活习性

小型鱼类，生活在河流的上层。杂食性，食浮游生物等。

地理分布

主要分布于西江水系和长江水系。

　　屏山黟县一徽派小村，古屋甚多，常领学生前往考察写生，一山脉于村一侧横贯而过，如屏风，由此得名。有溪流穿村而过，由山间多股流水汇集而成，村内的河段水略有些浑浊，很难目测到鱼的活动，倒是村外稻田间的沟渠不太一样，都是山间直接下来的雨水，很清澈。在一些被围堵成小水堰的地方，成群的小鱼被我们的到来惊吓得四处逃窜，是状态极佳的中华细鲫。山涧水清澈，沟渠水下都长满了青苔，水不深却显得很幽深，细鲫的体色也如环境般，背部略为黝黑，都很肥硕，看来在田间沟渠中的鱼生极为惬意。田地虽有耕种但疏于打理，农药化肥用得少了，没想，咫尺之外田埂之间，由此多出了这一点点世外之水域。

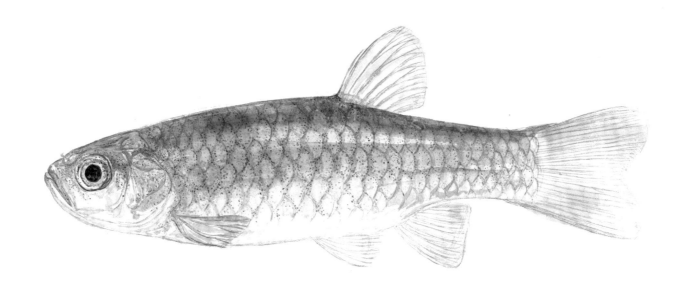

中华细鲫
Aphyocypris chinensis

分类地位

鲤形目（Cypriniformes）、鲤科（Cyprinidae）、细鲫属（*Aphyocypris*）

形态特征

体小，呈长形，稍侧扁。腹棱不完全，仅从腹鳍基部至肛门间有腹棱。体侧从鳃盖稍上方至尾柄基部中央有一条较宽的黑色纵行条纹，较直，背鳍后体较前段色深，成年个体较明显。

生活习性

小型鱼类，喜生活在池塘、水库及江河中；喜集群，游泳迅速。

地理分布

广泛分布于我国辽河以南东部各水系。

黄唇吻鰕虎鱼

中国原生鱼水彩绘

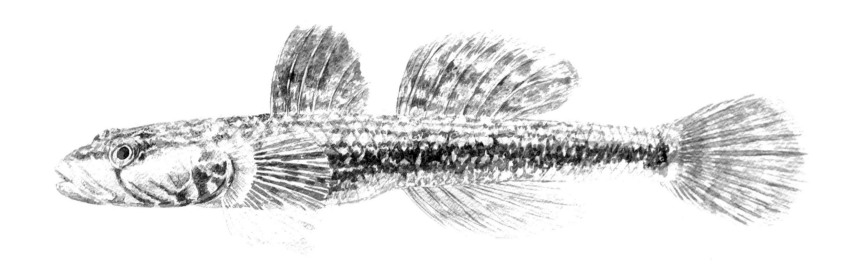

    婺源黄唇吻鰕虎鱼是我见过最小型的鰕虎鱼了，而且很纤细，卵石丛中躲藏，极不显眼。婺源写生期间发现，其实量极大，耐心等候可见成群出没于溪流浅滩处，身虽小却色艳，出水时尤为明显，同类间相互争斗却不暴力，但与其他鰕虎鱼混养就只有被欺负的份儿了。

棒花是最普通不过的一种小型鮈类，却是极大的一个异类。第一次在网上看到图片时，都不能相信还会有这种的存在，也没曾想能在野外碰到。每次采集都是小心和谨慎的，确定采集过的种类一般不会再涉及。那年暑期，约着好友一起野外，透过河水，一群普通底层鮈类当中有一尾很特别，就抄了起来，隔着网仔细观察，发现其半透明的身躯，厚实性感的嘴唇，稍微有些肥硕的体态，当时就觉得貌似建德棒花，众友围观后被否定，但还是不甘心地放进标本桶内。准备返程，这时一朋友惊呼，"大红鳍！大红鳍！"果然极其艳丽的一柄大红帆如此醒目的在水中漂荡，毫不犹豫地跳下水，追了半条河，终于给请了起来，建德小鳔鮈，起水后放入观察盒内，众人全都兴奋地围了上来，惊叹，拍照，大自然中的杰作，一尾正值壮年期状态极佳的雄性建德小鳔鮈。回家后辨认，虽然暗淡，第一尾亦是，可能是尾母鱼或亚成体。

中国原生鱼水彩绘

建德小鳔鮈

Microphysogobio tafangensis

分类地位

鲤形目（Cypriniformes）、鲤科（Cyprinidae）、小鳔鮈属（*Microphysogobio*）

形态特征

体长，略粗壮，头后背部稍隆起，胸腹部平坦，尾柄侧扁，稍高。鼻孔前方稍凹陷。体侧中轴有 7 ~ 9 个黑斑块，横跨背部具 5 ~ 6 个大黑斑块。侧线以及侧线以上的各鳞片均具小黑点，组成体侧断续的纵纹。

生活习性

小型鱼类，生活在水的中下层，喜流水生活。杂食性，以无脊椎动物及藻类为食。

地理分布

分布于西江、北江、钱塘江水系。

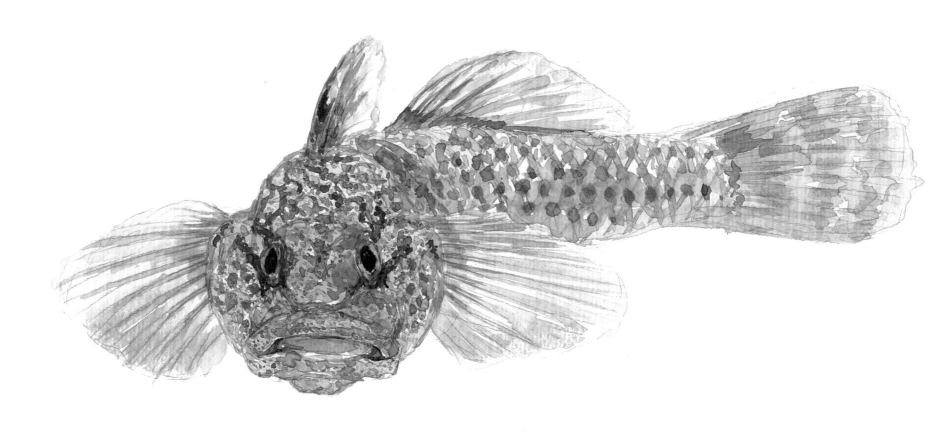

　　蝦虎鱼中比较吸引眼球的一种，国内的蝦虎鱼迷们都知道此鱼的存在，傲骄的背鳍及其从头至尾上密布的纯橘红的小圆点是其最具代表性的标志，第一次采集，一出水就立刻惊呼"喔！这儿居然有神农吻"，其他类别的都还会考证、争论、确认一番。溪流生境，很少人为干涉，因已是溪流的上游，共生的鱼种也不多，缨口鳅与光唇鱼，理想的蝦虎鱼繁育场不知还能维持多久。

花鳅常见，斑点的、条纹的见得多，那年野外，竟会遇无斑纹的，与有斑点的花鳅同处一河，只是身体更为修长，细沙中流窜时，只见背部一条细黑纹从头至尾连贯，请出水面观察，其体测条纹隐约，仔细识别下方能辨认，粗看就是一细长细长的白板，而狭窄背部的黑条纹，其实是体侧每条纹路起手的连贯，真是只有开始却没有了结束，好有哲理的一条鳅啊！

上（条纹花鳅）下（无斑花鳅）

从小就认得花鳅，土名沙坠儿，但那时从未觉得属鳅类，嘴尖，身体侧扁细长，喜钻沙，体侧多附斑点纹，而江西同样生境下的花鳅却是不同，身体更为纤细，斑点纹则换成了细细的不规则条纹，习性相同而身体表现区别颇大，每条花鳅的纹样都不尽相同，造物的魅力就在于此吧！

黑线花鳅

Cobitis nigrolinea

分类地位

鲤形目（Cypriniformes）、鳅科（Cobitidae）、花鳅属（*Cobitis*）

形态特征

体细长，侧扁。口小，下位。须3对。侧线不完全，止于胸鳍。从吻端通过眼、头顶至另一侧吻端，有一呈"U"形黑色条纹。背部有一明显的由黑斑相连而成的黑线，侧线下方具有8~11个、稀疏且较长的竖直条纹。尾基上方有一深黑斑点，尾鳍截形。

生活习性

栖息于浅、窄的山涧小溪、河流的砾石间。杂食性，食水生昆虫和藻类等。

地理分布

主要分布于钱塘江上游，如新安江的率水河等支流中。

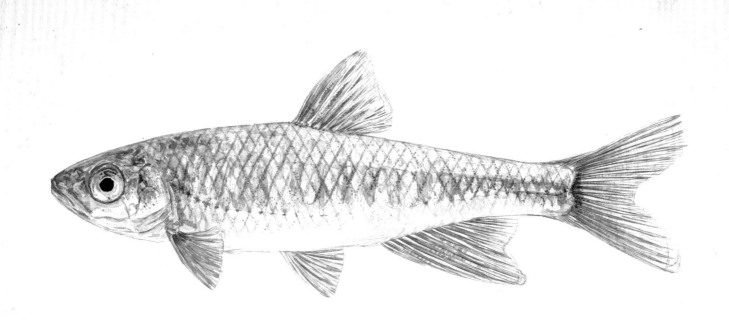

长鳍鱲

　　鱲很常见，环境稍好的河流里都会有分布。要说原生鱼的艳丽，它是第一个被提及的。本国淡水鱼的艳丽在它身上体现得最为直接，橘色的鳍，纯蓝色的斑块，即使站在清澈河流的水边也能够观察到。安徽采集的这尾属亚成体，不知是宽鳍还是长鳍，因水域的环境与水质的缘由，体色显得有些不同，斑块的蓝色还处于积色过程中，刚刚现出隐隐约约的状态，给人以轻盈的青涩感。

底层的鲐见得多，怂，萌，普普通通，与世无争，埋头苦啃的鱼，一般是采集上来后，观察完就地给放了。这鱼亦是，好山好水把它们都给养得肥坨坨的，以为极其普通的，回来画时才发现不普通，体型有差异，尾柄细，最伤神的是身上的斑点，一颗颗极其清晰，只好边画边骂着"你妈生你时是不是打翻了一锅的黑芝麻！"

乐山小鳔鮈
Microphysogobio kiatingensis

分类地位

鲤形目（Cypriniformes）、鲤科（Cyprinidae）、小鳔鮈属（*Microphysogobio*）

形态特征

体较长，头部腹面较平。背部正中具 5 ～ 6 个较大黑斑，体侧中轴有 1 较宽的灰暗纵纹，通常在此纹上有 8 ～ 11 个黑斑。除臀鳍外，各鳍散布有黑斑。

生活习性

小型底栖性鱼类，生长较慢。

地理分布

分布于珠江、灵江、钱塘江和长江水系的中上游。

银　鮈

　　银鮈常见，多江河中底层生活，俗称船丁。婺源村旁溪沟中与众友觅得一尾，似银鮈，却有些不同，体中段比起常见银鮈宽大，体侧斑纹也略显得更明显清晰，而其他部位与普通银鮈无异，山间僻处总能发现些异数。

　　溪流吻鰕虎鱼中最为温顺的一种，体型最小，种群却很庞大，安徽江西等地未被破坏的溪流里分布广泛的类别。站在布满卵石的河边，只要安静地等个几分钟，这些小家伙们就迫不及待地出来抢地盘了，丝毫不害怕头顶上的那只巨大的怪兽。虽如此小巧，却是长得极为精致，中黄色的嘴唇，侧身橙色斑点连接成从头至尾的数根线条，其下中部一道厚实的深冷色块贯通至尾鳍，而眼下暗红色的条纹，怎么看都貌似西部牛仔片中印第安酋长的面部纹身，再加上背鳍上那点艳丽的橘红，都不知该如何形容了。此鱼体型小而且极易饲养，第一次野外采集赠送给朋友的几尾，当年就开始在缸内产卵繁殖，幼鱼孵化率和成活率都不错，野外采集过程中发现，各流域的表现不尽相同。

黄唇吻鰕虎鱼
Rhinogobius sp.

分类地位

鲈形目（Perciformes）、鰕虎鱼科 (Gobiidae)、吻鰕虎鱼属 (*Rhinogobius*)

形态特征
体延长，呈圆筒形。无侧线。背鳍 2 个，分离。体侧上部有 3 条橙黄色纵纹，体侧下部具黑色带纹，口裂大，唇部的颜色与体上侧的颜色相同呈橙黄色。

生活习性
数据待查。

地理分布
数据待查。

婺源缨口苗

　　本国水域，缨口鳅有好几种，目前自己还是不能分辨得太清楚，所以采集的只能统称了。大体成年的缨口鳅多偏冷麻灰色，斑块条纹不一，总体来讲不能以美丽称呼。采集时，如不是体型的缘故都觉得像某蟾的幼虫，愈大愈是难看。缨口鳅的幼年却是很萌，两三毫米，深色的斑块在暖暖的体色下很是突出，方方的小黑斑有规律地组成竖条状的宽纹，像是在做几何游戏，配上肥嘟嘟的身体、圆圆的脑袋、大大的黑眼圈，大自然总是把生灵的幼娃打扮得如此萌态。

中国原生鱼水彩绘

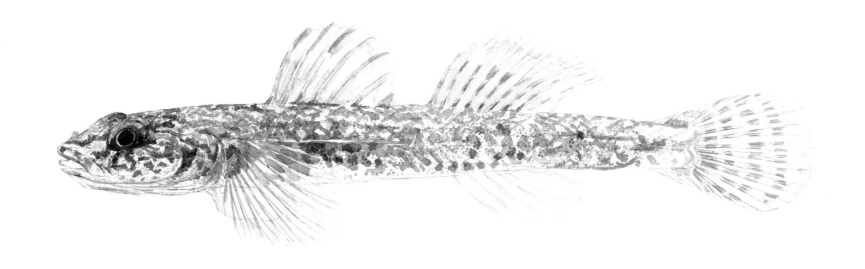

婺源某鰕虎鱼

　　此鰕虎鱼，体型偏小，一开始从顶视把它认成了黄唇吻鰕虎鱼的雌鱼，后侧身仔细观察，发现有些误判，不敢确认具体的种属。我国溪流中的淡水鰕虎鱼确实种类繁多，除了大家熟知的几类外，经常会碰到自己不能辨识的，也不能在已有得科学认定种属中归类，最后只能以疑似来对它进行描述。

2 晋豫交界

中国原生鱼水彩绘

一次，携徒一路北上，过河南穿山西直至黄河碛口，过河即是米脂。黄河边找了条支流试了试，黄泥水，只抄到一尾小苗子，放了。寻可画之地，山包沟堑里，黄土里渗出的一点点水汇集成一条随时会干涸的小沟，沟两边黄土半干处白白的像撒了一层细盐。这地却是一意外之处，平地里升起的一道屏障，很是突然又如此的规整，一千多米高的石壁绵延一百多千米，而这去处则是在那屏障之后，峡谷之中，晋豫交界之处。翻过一千多米的石壁，又继续下行几百米，一条深沟，两边几百上千米的陡峭石壁，绵延了几十千米，中间一条断断续续不大不小的溪水贯穿始终，零星的村落散布在溪水两岸石壁之下的狭窄区域。村落小，石头房，墙用大块的红砂岩石块堆砌，屋顶两边倾斜的瓦楞亦是清一色大片红砂岩石板，只是薄上了许多，到了此处才体会到范宽《溪山行旅图》的气势所在，难怪满沟作画的学生与艺术家。整个山区，一层层水平分布的红砂岩，密布植被，溪水清澈，湾流积水处绿悠悠可见底，感觉当地人很珍惜水，有鱼，不少，站在岸边就可看到，就近备了个小网。离开前最后一晚，评讲作业后，拉着老哥去河边试了试运气。谷中水凉未直接下水，但还是采集到了四种。一开始以为是寻常熟悉的类别，第二天仔细观察辨认发现完全不同，没有一种是认识的，以致白天发现的另一种类似棒花的鱼没有采集。后与朋友商讨，朋友称普通棒花并不产自此峡谷流域。一喜溪流钓的朋友，在我的鼓说下，前去游玩，那地儿，溪水居然断流了，可能是当地降雨少，季节性干涸。与当地百姓闲谈，得知谷中农家先祖几乎都是石壁外平原处逃荒而来的难民，仗着少许降水与那弯溪流，繁衍生息下来。

短须颌须鮈

Gnathopogon imberbis

分类地位

鲤形目（Cypriniformes）、鲤科（Cyprinidae）、颌须鮈属（*Gnathopogon*）

形态特征

体稍侧扁，腹部圆。口端位。口角须1对。鳞片较大，胸腹部皆具鳞。侧线完全。体侧上部有多行黑色细条纹，与体中轴平行。

生活习性

小型鱼类，多生活于山涧溪流。

地理分布

分布于长江中上游。

　　被当成麦穗鱼识别，后来仔细观察发现不对，应是某种颌须鮈，太行山深谷溪流里的鱼，河南山西边界区域，成体的体型如麦穗鱼亚成体大小，其身上的麻点、背鳍上的黑斑以及微微显胖的身段倒是很像颌须鮈，河床底部暖色的卵石让其体色偏暖了些，虽不同于一般颌须鮈的冷色，个人还是很确定自己的判断，就看是什么具体种类了。

某种高原鳅

　　晋豫交界已很靠北了，峡谷中的鱼与中部和南方截然不同，一开始还以为是泥鳅，抓上来一看，头长，暖色身躯，叉尾，隐约的条纹斑块，询问过很久，猜测可能是某种高原鳅类，此地太行山，整个红砂岩山体，溪流中的卵石也是呈暖色基调，在我印象中高原鳅几乎都是冷灰冷灰泥坨子色系，静待辨识。

上图为短须颌须鮈，下图为某种高原鳅

太行山同一水域，四种不同的类别，除鳅外，它是个头最大、最肥硕的，中底层活动，数量基数不多，体型、斑纹最像颌须鮈了，但无须，嘴更宽阔外凸。一个小水坑，上层、中上层、中下层、底层，正好四种不同类的小鱼占据，妙哉！

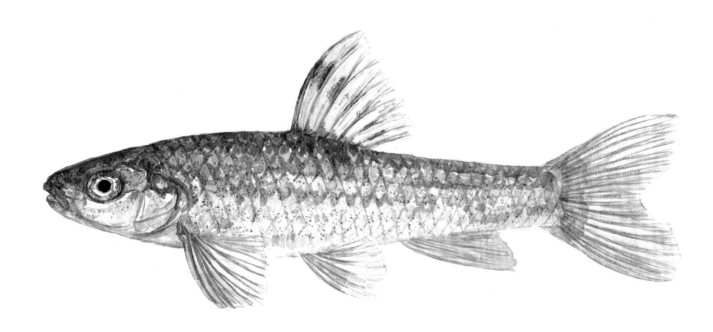

中国原生鱼水彩绘

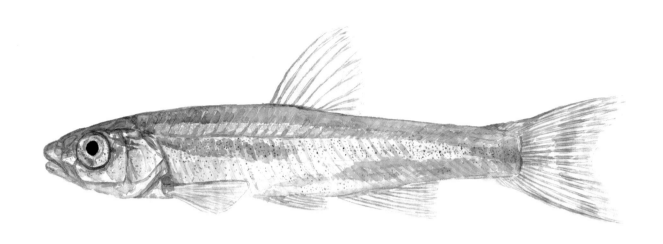

　　太行山峡谷环境封闭，一条断断续续的溪流贯穿百余千米，溪流里的鱼亦是与外处不同，表层成群游弋的，以为是鳘鲦类，捕捉了几尾，觉得更像是鲹类，细鳞、暖色背，表层群游觅食，是不是趋同进化的结果，印象中鲹类大多是中下层水域活动的。

3 浙南

中国原生鱼水彩绘

一县城保留有一完整明清老街，新城旧街分而治之，互不相扰，行走之余恍若穿越，难以想象几十年来居然未遭遇拆旧迎新之运，希望能一直这样下去。如若不是阿邱的艺术采风基地，也无此机缘。基地位城郊十里处，旧谷仓改建，旁有村落，河流溪水俱全，周边村民以大棚香菇为业。村落里新旧掺杂，旧为明清老房，墙为土夯粉白，黏性黄土中夹杂着卵石杂物，黑瓦，砖雕木雕石雕瓦当一应具有，相比较徽州略显粗犷，深山不少类似小村落，愈是深处愈是完整，远远望去，一片葱翠间黄墙黑瓦。山间溪流众多，只仔细探寻过一处，一嘉庆或是道光年间深山小乡绅遗居的门口，水质轻度污染，最多的是光唇鱼和缨口鳅，未带回。倒是在基地附近收获最大，村民种植香菇的田地里，沟渠纵横，引溪水而成，环流各处后返回大河，大量的鳑鲏、鳙和颌须鮈，在某修筑沟渠堤坝处，水清见底，下圆形地笼，二十分钟，满满一笼，非常沉手，怕是有几斤左右，只挑了几尾小个艳丽的鳑鲏和鮈，其余全放，第一次见着颌须鮈，不识。香菇田埂间的沟渠，用的是小炒网，满沟底的螺蛳，鱼则是青鳉、鳑鲏还有某细鲫，细鲫也是头一次采集到。只是奇怪，鰕虎鱼类不多，未有什么发现，大河里，水深，下地笼也就银鮈、某鳌鲦、子陵吻鰕虎鱼然后少量圆尾斗鱼。前后去过两回，精力多半放学生身上，水域探寻很是粗略，很是惊叹，浙江商业极为发达的区域一侧，深山中居然幸存有自然与人文生态保存较为完好的小角落，可能是我孤陋寡闻了吧！

浙江山区偏安一隅，县城附近香菇种植田埂间的水渠中居然还会有鱼，估计两到三种的鳙，当时对此并不敏感，未认真识别，只留了小体型最好看的，好携带，小红唇，背鳍和臀鳍带黑边红色内嵌，由于光线的缘故，身体侧鳞类似倒长，其实只是错觉，至今未确定种类，是方氏鳑鲏还是粗纹暗色鳙，不清楚。

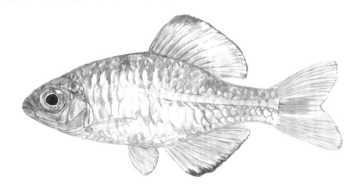

喜在沟渠流水中生活的小鱼，数次跨省不同区域采集都是在灌溉的农田沟渠中获得，长体型，却很是肥硕，口备一对不太明显的短须，而最显著的是其背部延伸至中线以下密布的深黑色麻点纹，背鳍终身保存黑色斑块，中底层活动，杂食，谨慎而温和。

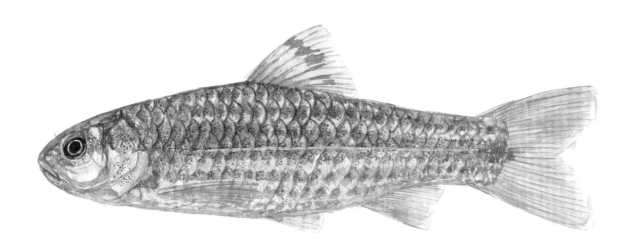

细纹颌须鮈
Gnathopogon taeniellus

分类地位

鲤形目（Cypriniformes）、鲤科（Cyprinidae）、颌须鮈属（*Gnathopogon*）

形态特征

体稍侧扁，腹部圆。沿背部正中及体侧具多数纵行黑色细条纹，在侧线处的一条最宽，侧线以下的条纹较浅。背鳍上部有 1 暗黑条纹，其他各鳍均为灰白色。

生活习性

小型鱼类。

地理分布

福建闽江及浙江的一些河流。

原生鱼类众多，但因是水域物种，不认真寻觅观察是很难发现，细鲫是普遍分布的小鱼，湖北就有，而第一次采到居然是在浙江的田间沟渠中，身体粗短厚实，因区域的不同体色泛浅，一种以前没见过的漂亮小鱼，后来在湖北和安徽都有发现，最大不过五六厘米。

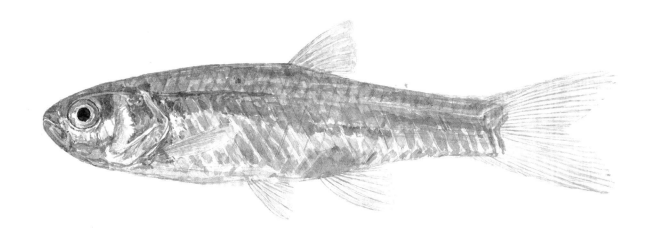

中华细鲫

Aphyocypris chinensis

分类地位

鲤形目（Cypriniformes）、鲤科（Cyprinidae）、细鲫属（*Aphyocypris*）

形态特征

体小，呈长形，稍侧扁。腹棱不完全，仅从腹鳍基部至肛门间有腹棱。体侧从鳃盖稍上方至尾柄基部中央有一条较宽的黑色纵行条纹，较直，背鳍后体较前段色深，成年个体较明显。

生活习性

小型鱼类，喜生活在池塘、水库及江河中；喜集群，游泳迅速。

地理分布

广泛分布于我国辽河以南东部各水系。

4 高原之鱼

中国原生鱼水彩绘

川藏高原之所，景致没得说，摄影者的天堂，不虚此名，景是好，人受不住。学生们还算活蹦乱跳的，自个如重感冒般不适。辗转数处，高原雪水汇聚成河，还是忍不住弄上一番，未带工具，藏民商铺找了把厨房里用的铁镂瓢，采集到了四种高原小型鱼儿，很朴实，全是灰扑扑的色调，有意思。

高原之地树木渐少，多为草甸，海拔三千五百米左右，河流落差不大较平缓，灰岩卵石基底，主河道水流浑浊，刚好雨季，不间断的雨水，小镇附近河道生活垃圾很多，在分出的小水道，水清澈可观察，鱼不少，上层的、中层的、底层的各一种，藏民不食淡水鱼，河流虽有污染，但鱼的量不少，用简陋的工具于浅水湾的卵石间就能弄上几尾。小体型的高原鳅，五六厘米大小，中底层游走，叉尾，尾柄细，体色冷灰冷灰的，着规律深色斑点，带回几尾，武汉养了两月有余，可能是海拔气压等原因，都未能养活。

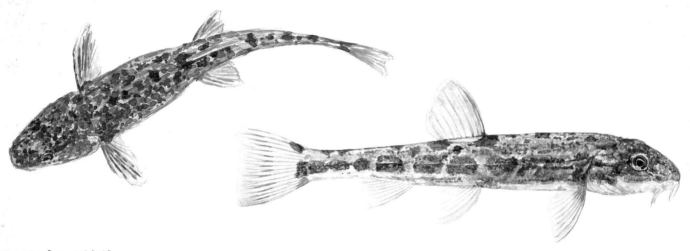

贝氏高原鳅
Triplophysa bleekeri

分类地位

鲤形目（Cypriniformes）、条鳅科（Nemacheilidae）、高原鳅属（*Triplophysa*）

形态特征

体略呈圆筒形，后段侧扁。头锥形，吻略钝。须3对，体裸露，侧线完全。头背灰黑色，体侧中部有6～9个不规则斑块。

生活习性

小型鱼类，生活于浅水处。杂食性，主食水生昆虫和着生藻类等。

地理分布

主要分布于长江上游干支流。

新都桥同一流域，除了那小高原鳅外，上层的就是这种小鱼了，可能是鲤科，也是冷灰冷灰的体色；高原鱼种不是太熟，基本的属种都没找出来，成群，多在浅滩处游弋，不知成年后能长成多大，带回武汉后也是没能养活多少时日，终归是高海拔的鱼种难以适应平原地区的环境。

5 湘贵之行

西南向往之地,湘西闽东南迷人之所,山峦起伏之间陈寅洛、陈师曾、沈从文留下了一丝痕迹,座座苗寨则有世代苗人生养栖息。历史,山民,群山一直吸引着,来来去去带着学生穿梭了几回。虽处深山水并不如貌似的好,无论是凤凰德夯还是西江苗寨,水中生灵并不繁盛,多年的索取已让河川疲态,有些河段没什么鱼,目测都难以见着,从峡谷出来了河流,站在岸边只见着一尾光唇仓皇逃窜,要么就是富营养化河床绿藻丛生,单一的五六种的种群,倒是有些景区内,既不大量留宿游客又有一定的管理,河床卵石就干净的都不打滑,可见健康的鱼类成体种群,只是此类去处很是少见。友中恰有凯里河流生态关注者,亦是如此感叹,即使深山已难见干净健康河溪,水生物种急剧退化。

中国原生鱼水彩绘

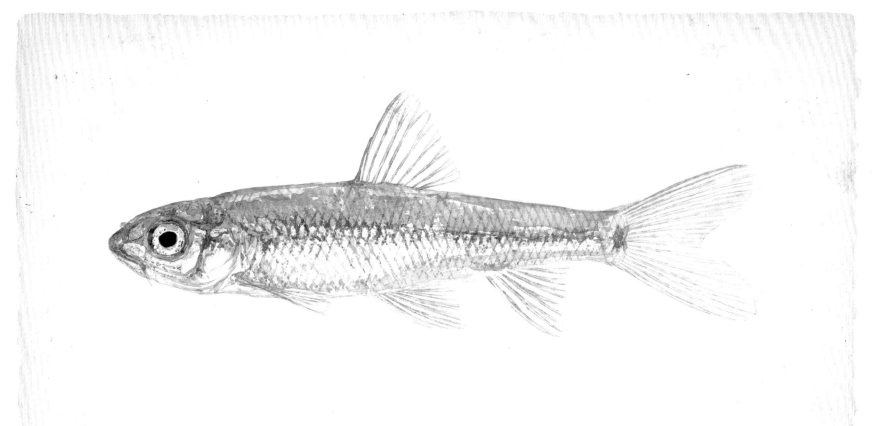

　　水域中层的鱼一般难以观察，有所动静即藏匿于乱石之中。在张家界金鞭溪的一支流，极少游客，蹲在河边守了十多分钟才看到此鱼的成体，背冷深色带点点虹彩，体侧中部一条深色横纹贯穿头尾，想弄个一尾上来瞧瞧，太机警，石块间奈何不了它，一下午都耗进去了，只好在浅滩处带回了几尾幼体，慢慢养成看其如何蜕变。幼体很寻常，不仔细辨认如不是有对短须，会被认成普通蜡苗；其实体型和口型都有区别，目前长势最好的一尾已经渐渐显示那条深横纹了。

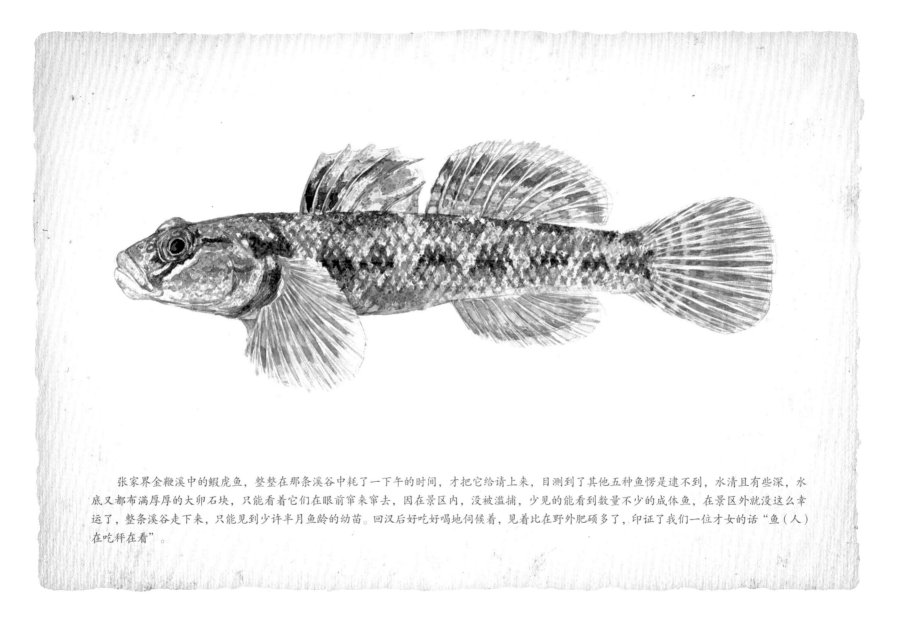

　　张家界金鞭溪中的鰕虎鱼，整整在那条溪谷中耗了一下午的时间，才把它给请上来，目测到了其他五种鱼愣是逮不到，水清且有些深，水底又都布满厚厚的大卵石块，只能看着它们在眼前窜来窜去，因在景区内，没被滥捕，少见的能看到数量不少的成体鱼，在景区外就没这么幸运了，整条溪谷走下来，只能见到少许半月鱼龄的幼苗。回汉后好吃好喝地伺候着，见着比在野外肥硕多了，印证了我们一位才女的话"鱼（人）在吃秤在看"。

光唇鱼常见，各地类别不一，但其斑马状的竖条纹是最醒目的标志，愈是年少，条纹愈是清晰。光唇鱼反应迅速，无论幼苗还是成体都难以用抄网捕捉。西江苗寨顺河巡察，污染严重，景区内河水浑浊，走出景区后溯流而上才渐渐清澈，鱼不多，几乎都是幼苗，刚刚死去的光唇鱼苗零星地发现于河边，不知是电的还是毒的，体色和斑纹还是那么清晰新鲜。

光唇鱼
Acrossocheilus fasciatus

分类地位

鲤形目（Cypriniformes）、鲤科（Cyprinidae）、光唇鱼属（*Acrossocheilus*）

形态特征

体延长，侧扁。吻钝。口下位，马蹄形。须2对。雌鱼体侧有6条显著的垂直黑色条纹，雄鱼沿侧线有1纵行深色带；黑色条纹及纵带随年龄增大而消失。

生活习性

中小型鱼类，喜栖息于石砾底质、水清流急的河溪中。杂食性，常以下颌的角质层铲食石块上的苔藓及藻类。

地理分布

主要分布于安徽、江苏、浙江、台湾等地。

西江缨口苗

没去过贵州之前，想着那边水域应该还不错，带着学生写生考察一圈后才发现，即使深山之中水域状况亦是堪忧。西江苗寨名气很大，千户聚居，一条溪流绕寨而过，出寨逆流而上，走上千余米，水质才清澈了下来，没有了喧嚣，能够安静地透过清澈的溪水观察里面的动静了。鱼还是有的，全都是幼体，米粒大小的小鱼，有缨口鳅、光唇鱼，还有极少量的鰕虎鱼苗，难以置信地没见任何成体。前后不同月份去过两次，都是如此。在没有开始动工修建水坝之前，确实很理想的溪流环境，河底的卵石少有的还裸露着原本石质的颜色，因为富营养化而铺满河床的灰藻绿藻在这里没有任何踪迹，可惜就是没鱼，没有正常的呈种群出现的小鱼。

中国原生鱼水彩绘

月 鳢

Channa asiatica

分类地位

鲈形目（Perciformes）、鳢科（Channidae）、鳢属（*Channa*）

形态特征

体圆筒形，后部侧扁。头大而宽扁。口大，端位。无腹鳍，背鳍、臀鳍基部长。体色一般为白色、绿色或深褐色。眼后头侧有 2 条黑色纵带。体侧有 7 ～ 9 条黑色"く"形横纹。尾鳍基有 1 黑色眼状斑。全身布满珠色亮点。

生活习性

中小型鱼类，喜栖居于山区溪流，昼伏夜出。肉食性。

地理分布

长江以南各水系，上游相对较为多见。

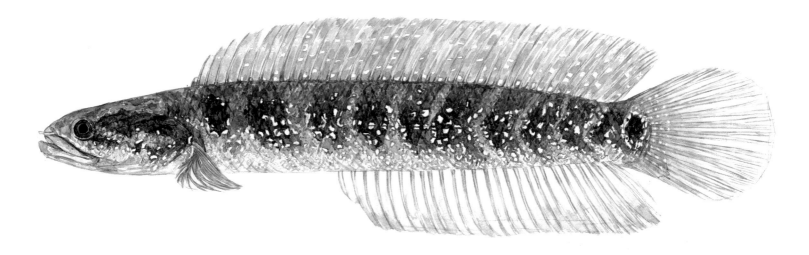

　　猛鱼，早有耳闻，鳢科的，与黑鱼是亲戚，某些地域成食用鱼，这条也是菜市场碰到的，当地称七星鱼，不禁想起曹操的那把七星宝刀。主人好客，以为我喜食鱼，买了几斤，奈何，一筷子都没动，留了三尾亚成体，打得天昏地暗，只好放了另两尾，菜市场所见的皆产自当地未曾干过水的水田中。未成年鱼的体色泛绿，最有特点为从头至尾密布白色不规则小板块，如同调皮撕碎的纸屑，洒满全身，本打算用遮挡胶的，想想还是算了，一笔一笔硬画，效果还不错，就是眼睛有些吃亏。

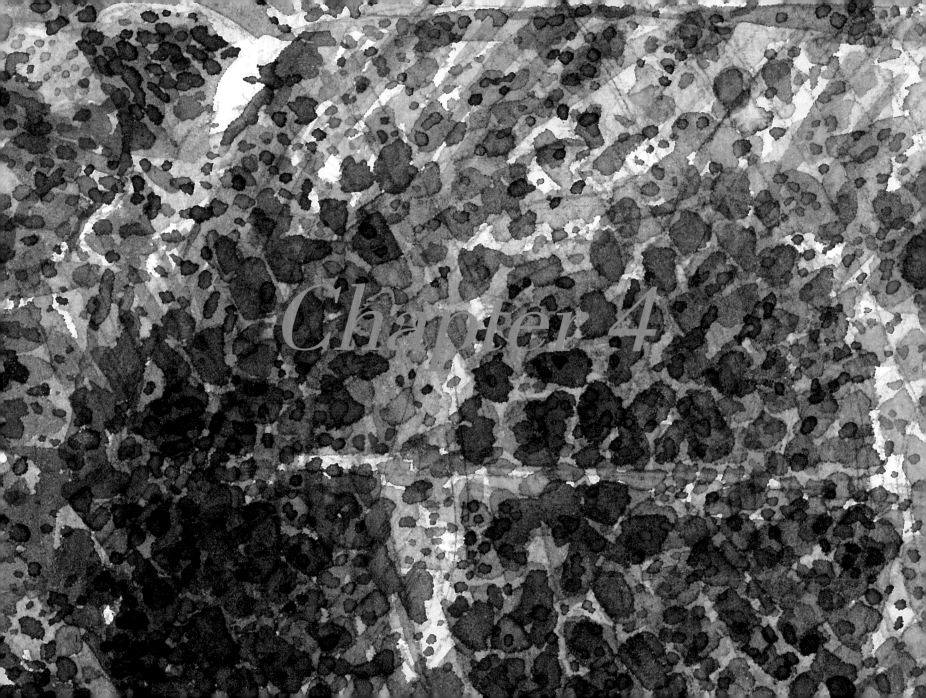
Chapter 4

第四章　　与古生物同行

　　总是对自然充满好奇，地质古生物也是兴趣所在，且喜野外采集，约好伙伴就背着锤子上山了。化石采集，多往深山人少的地方跑，合适的季节，河里的鱼也出来了，水里一块嵌着奥陶纪三叶虫的石头上，几尾缨口鳅正欢快地啃食着三叶虫头顶的绿藻，此刻相隔几亿年的时空交织在了一起，获得化石标本之余也熟悉了与之同处的原生小鱼。同行的朋友几趟下来，纷纷买缸入坑。

1 夷陵之鱼

夷陵一直为古生物多产地，古生代地层丰富，数个古生物群分布于山间岩层之内，前往采集频繁区域，此地亦是大巴山抬升起点，地貌多样，溪流纵横，本应鱼种丰富，但采集化石时观察，水域中鱼并不多，水体破坏严重，或污染或滥捕。在市区附近一溪流入江口不远，采集到三峡吻鰕虎鱼、鳑鲏等少量种类，一尾黑鳍鰁还是被电鱼人电晕后为我们所获，见到一尾发色的宽鳍鱲，橘色一晃，遁入水草深处。深山另一河流，附近有一二叠纪植物的点，白天采集化石，夜晚河边观察，河面很宽，水平均深度到腰部，清澈，水草茂盛，满河的虾螺，鱼很少很少，岸边零零星星几尾幼苗，几个人强光头灯观察各处，未见任何窜动的身影。第二天山路驱车十几里，一隐蔽不太长的河段，见到了不同类别的鱼类种群——鳑鲏或鳡，棒花，子陵吻鰕虎鱼，三峡吻鰕虎鱼，某鲶等，目测五六种的样子。离这几里地，河段又是一片萧条，只有人迹罕至之处，溪流才会恢复原有生机。倒是在乡村菜市场早市能见到大量的野生小鱼，几个竹编篮子里，成堆的鳑鲏、黑鳍鰁、宽鳍鱲、颌须鮈还有红尾副鳅，几乎都是刚挂掉不久，体色鲜艳，极其惋惜。鱼堆里一被开膛破肚的红尾副鳅还在无力地吧啦着嘴巴，挑起来，静静地放在旁边一有水的盆子里。

　　鳑鲏是我国分布比较广的一类小型淡水鱼，而各地又分化出很多各自的区域种类，在大的形体相似情况下辨识一尾鳑鲏或鳈的具体种属，是件很考验人的事。在宜昌的溪流中采集时，鳑鲏也是属于常见的种类，高体鳑鲏与彩石鳑鲏都有分布，而这尾有些奇怪，一开始觉得是彩石鳑鲏，鱼鳍的斑点与色泽时对上了，但体型看上去又有些不一样，头更圆润，特别是嘴巴的口裂明显偏大，于是开始怀疑自己的判断，也可能就是一尾未成年的彩石鳑鲏。

夷陵鱼故友，相约同游，于一溪流下游处拾得美鱼一尾，黑鳍鳈，背黄肚红有横纹，着少量斑点，栖于水深处，寻常时难以觅得。愚夫投毒，众鱼翻肚，此鱼亦奄奄一息，救起饲于好友处，不几日，欢快如常。

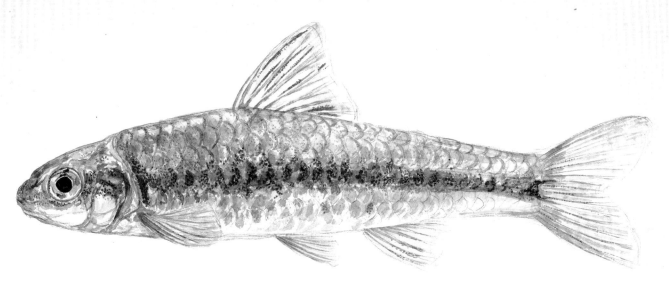

黑鳍鳈
Sarcocheilichthys nigripinnis

分类地位

鲤形目（Cypriniformes）、鲤科（Cyprinidae）、鳈属（*Sarcocheilichthys*）

形态特征

体长，腹部圆。口小，下位，呈弧形。体背及体侧间杂有黑色和棕黄色的斑纹，体侧中轴沿侧线自鳃盖后上角至尾鳍基部具黑色纵纹，鳃盖后缘、脸颊部、胸部均呈橘黄色，鳃孔后缘的体前部具有1条深黑色的垂直条纹。

生活习性

中小型鱼类，生活于水体中下层。杂食性，以水生无脊椎动物及藻类为食。

地理分布

分布于黄河以南各水系。

　　如其名，几次采集都是在三峡夷陵段，又名刘氏吻鰕虎鱼。未被破坏水域种群颇大，一条水系，破坏区域片鳞不存，未被干扰的区域满河都是，拿着抄网沿着河底盲抄，每次都有十尾左右。夷陵市区附近水域，站立水中仔细查找才能见几尾。鰕虎鱼中色泽较有意味的类别，体侧冷色系，橙黄色铺底，冷蓝色斑块规则分布，整体感觉掺杂着暖色的冷色风格，画出来后感觉更有意思，是自己较满意的一幅，或许是大自然色彩配得好的缘故。

短体荷马条鳅

Homatula potanini

分类地位

鲤形目（Cypriniformes）、条鳅科（Nemacheilidae）、荷马条鳅属 *(Homatula)*

形态特征

体圆筒形，尾部侧扁。须 3 对。侧线不完全，止于背鳍下方。体侧有许多较宽的深褐色横条纹。背鳍前缘和外缘具鲜红色边缘，胸鳍、腹鳍和臀鳍呈黄褐色。尾柄上部皮质棱的边缘呈鲜红色，尾鳍上具有许多小黑斑。

生活习性

小型鱼类，生活于浅水区。杂食性，主食无脊椎动物。

地理分布

主要分布于长江上游各支流。

中国原生鱼水彩绘

真的很美，竹篮子里，一堆已经开膛破肚的同伴中，只有它还在无力地嘴巴一张一合着，未完全褪去的体色和斑纹暴露了它的位置，用手轻轻地拖起，慢慢浸在旁边有活鱼盆子的水中，深深地喘了口气，透过水波对视着，如果早到几分钟，它还是有救的，或放生或在我的鱼缸里了此鱼生。

2 峡谷三叶虫与鱼

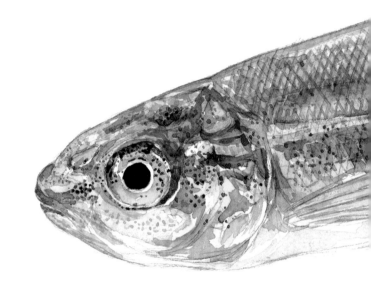

鄂西深山某一自然保护区内，当地一爱好者发现一奥陶纪三叶虫生物群，化石保存极其完整，自此多次与地质大学朋友前往采集，四种保存完整精美的三叶虫，双壳类、棘皮类不计其数。化石点正处于一小型峡谷底部，风景优美，气候宜人，一条溪流谷底蜿蜒流淌，听着溪水声，漫步河滩，翻捡散落各处的几亿年前的石块。沿河零星的村民住所，河水轻度污染，见到群游的鳤苗和几位缨口鳅苗。谷中黄姓老友，深夜往下游深水区垂钓，两小时后带回几尾渔获，分辨了下，两种，一种为鳤成体，一种有二三十厘米长，当地称红尾巴，感

觉像是某种鲃。采集化石标本耗时耗力，鱼，是期间休息时调剂之乐，未深入探查，聊做记述。

利川一峡谷盛产奥陶纪三叶虫，经常前往采集，出产化石的石块沿溪流岸边堆积，免不了涉水找找鱼。虽深山峡谷，但沿途村镇不少，源头溪水已是轻度营养化，岸边目测不到多少鱼，估计人为干涉频繁，只有小群的幼苗，随行工具抄起观察，是鳤苗。溪流底以大石块、小卵石为基，应是鰕虎鱼、缨口鳅的理想生境，一尾鰕虎鱼都没有，只发现零星的缨口鳅小苗，当地好友只有在下游的某深潭处才能钓上几尾成体的溪流鱼。

个头很大了，将近二十厘米的长度，好友溪流夜钓捕获，细鳞，觉得是鲹类，这种已是中等体型的鱼其实不在本人关注范围，但想想好友披星戴月溪流中站立几时辰，又是如此鲜活的峡谷溪流中原居户，实在也是该记录一下，以记之。

瓣结鱼
Foliter brevifilis brevifilis

分类地位

鲤形目（Cypriniformes）、鲤科（Cyprinidae）、瓣结鱼属（*Foliter*）

形态特征

体延长，侧扁，头较长，吻较尖。口小，下位。须2对，侧线完全。腹鳍基外侧具腋鳞。背部略黑，腹部灰白。体鳞基部有新月形黑斑。

生活习性

生活于水体中、下层，喜居于清水激流中，常出没于石隙。以底栖软体动物、水生昆虫及其幼虫为食。

地理分布

在我国主要分布于闽江、长江、珠江、元江和澜沧江等水系。

白天采集化石标本，入夜，当地老友盛邀留宿，晚餐间知我喜鱼，饭饱后拎着鱼竿下河为我钓鱼。门前的溪流，往下走有一深潭，可钓上几尾成体溪流鱼。个把小时后返回，桶中有了三四尾鲜活的溪鱼，个头小点的认得，体青黄，尖头细鳞，是某种成体鳞，尾粗体硕，冷水里生长，鳞下脂肪厚实，看口型营中底层生活，所以好钓。

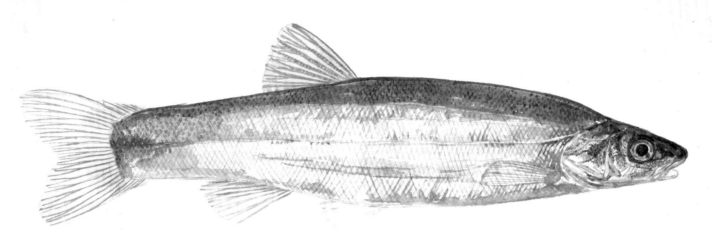

拉氏大吻鳞

Rhynchocypris lagowskii

分类地位

鲤形目（Cypriniformes）、鲤科（Cyprinidae）、大吻鳞属（*Rhynchocypris*）

形态特征

体长，稍侧扁，尾柄细长。背部正中具 1 狭长的黑色纵纹，体侧常有疏散的黑色小点或自鳃孔上角至尾鳍基有 1 黑色纵带，尾部较为显著。

生活习性

中小型鱼类，喜生活于山区小溪河里。杂食性，主食昆虫幼虫等。

地理分布

主要分布于黄河、辽河、图们江、黑龙江。

3 巫山之溪

巫山之溪，小三峡源头，自巫山小机轮逆流六个小时抵达县城，石灰岩质山体中渗透出来的雨水汇集成流，高峡溶洞暗河密布，河床从灰岩巨石满满过渡到大小不一的灰岩卵石，溶洞暗河与河流互通，马路半山腰雨季之时会飞流一股暗水，便宜了路过的汽车，免费清洗。河里大半生灵估计都有暗河中生存的经历，据老人讲，当年行舟，下大雨，山顶飞瀑直落河心，直灌而下的落水带下一尾大鲵砸进路过的船舱内。路边当地居户房屋底部有一暗河通过，每次发水必会带出不少河鱼，进去看过，确实是暗河，从岩缝中流出。清澈河水里游弋着四种以上的种类，讨要了两种小点

的，发现是西南分布的盘鮈类，两种不同的小型盘鮈。有朋友看了说是传说中的墨头鱼，都是属于盘鮈类的，应该在明河暗河间迁徙生活。峡谷落差大，大小石头密布，不易采集，倒是当地人涉入水中用小竿小钩可钓上石缝间躲藏的小鱼，最多的是红尾副鳅，贪吃，极易获取。清晨菜市场能碰到不少来自溪流中的鱼类，都是活的，说明当地是以网具获取，未用电和毒，粗略地观察，近十几个类别，从底层到表层都有，应该是在山里获取的。大宁河环绕县城部分，仔细观察过，几乎看不到鱼，人的干涉过多，常见的容易观察到的鰕虎鱼、吸鳅、餐、鳢类极其少，零星的几尾鰕虎鱼苗

和激流中一闪而过的少量亚成体的鲵。与大舅哥一路向上，直到河流上游，山谷间数个河坝，其中一段还有矿厂作业，河流湍急，净化速率快，往下十几里就看不出其中的影响，不过从上游直达县城，河滩石块以及岸边崖壁水位以上干燥部分呈现出石灰白的残留物，极其明显，如同故意粉刷一般，一路但凡水清易于观察之处都简单目测了一下，未见族群活动的迹象。大舅哥喜用小撒网捕鱼，要得一手好网，沿河跟随半天光景，获取上层鳌鲦类不到半斤。当地人喜食鱼，闻名全国的烤鱼亦是从此地起源，虽有大小河流不少，但存不住水，食用鱼几乎全是从宜昌运进，一顿烤鱼下来着实比武汉贵上不少。山川雄壮，激流婉转，暗河洞穴密布，生境独特，希望在以后的时日里有更多的发现。

海拔渐高，峡谷就越深，生境的变化，其间的生灵也变得如此不同，看上去普普通通的家伙，待端详时却显示出不一样的状态，海拔落差产生的自然力在其身上进行了雕琢，呈现着异样。戴氏南鳅，巫溪采集，水流的湍急与多变，在其面部塑造了不一样的感觉。

戴氏南鳅
Schistura dabryi

分类地位

鲤形目（Cypriniformes）、条鳅科（Nemacheilidae）、南鳅属（*Schistura*）

形态特征

身体延长，稍侧扁，前躯较宽，尾柄较长。口下位，须3对。无鳞，侧线完全。背鳍前后各有4～6块和4～7块深褐色横斑，背鳍和尾鳍有小斑点。

生活习性

小型鱼类，栖息于急流石砾底河段。杂食性，以小型昆虫幼虫为食。

地理分布

主要分布于长江干流及其附属水体。

第一眼看去，从头型的差异与体色的表现，就判断出不是普通的白缘鮠，应是常年洞穴中生活的种类，头吻部更扁并身体较白缘鮠细长，白化的程度更加明显，在一群白缘鮠中极为明显，未能知晓其具体名称，暂以红鮠代之。

金氏鮠
Liobagrus kingi

分类地位

鲇形目（Siluriformes）、钝头鮠科（Amblycipitidae）、鮠属（*Liobagrus*）

形态特征

体长形，前段略圆，后部侧扁，尾柄甚侧扁。上、下颌约等长。口大而宽，横裂状。眼小。脂鳍与尾鳍相连，中间有一缺刻，须4对，内侧颌须与鼻须等长。尾鳍圆形。

生活习性

小型鱼类，喜流水，主食水生昆虫以及小鱼小虾等。

地理分布

长江上游水系。

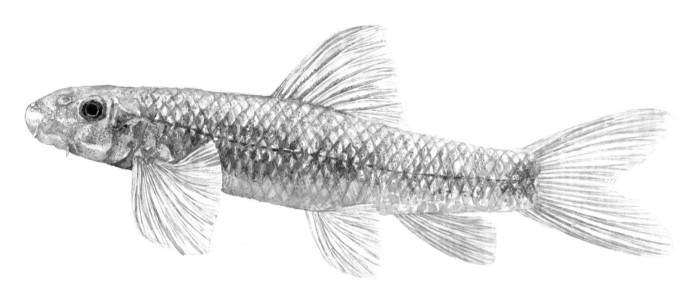

云南盘鮈
Discogobio yunnanensis

分类地位

鲤形目（Cypriniformes）、鲤科（Cyprinidae）、盘鮈属（*Discogobio*）

形态特征

体延长，头略扁平。上唇消失，吻皮与下唇相连；下唇形成1椭圆形的小吸盘，中央1光滑肉质垫。口下位，略呈弧形。体背部和体侧上部黑色略带棕黄色，下部较浅。腹部灰白色，尾鳍的上、下边缘有黑色纹。

生活习性

小型鱼类。底层鱼类，喜生活于砾石底质、水质清澈的缓流环境，杂食性。

地理分布

主要分布于我国云南、四川等地区，是我国特有种。

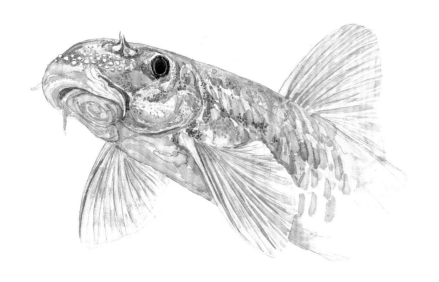

　　峡谷激流之间往往藏匿颇多，当地多产"洞洞鱼"。暴雨过后，河水暴涨，山川溶洞暗河喷涌，鱼也被携带而出，种类各异，统称"洞洞鱼"。此鲌数量最多，先是菜市场后是路边招揽游客的溶洞暗河，觅了几尾，细心饲养观察，下口位，厚唇，橘红眼睑，深冷色体表，沿侧线鳞片间透出橘红小色块，贴底层游走，不挑食，体色随心情变化，时暗时浅，整体看上去肉嘟嘟的，从凉爽的暗河溪流到闷热的武汉水体也还适应，活蹦乱窜一年有余，后查阅，应是分布于云贵川的某盘鲌类。貌不惊人却有迷人之处，黑瞳外围一圈橘色，体侧深冷色鳞片间有规则地透露出小小的橘色斑点，下口位肉坨坨的嘴唇低调地隐藏在圆久久脑袋前部的下方，下颌还外带一小型吸盘，可惜不耐高温，武汉 36℃ 以上的天气下，毫无胃口逐渐消瘦，在熬过第一个火炉酷暑后的第二次煎熬，不知是否能挺过去，小盘鲌已力竭而逝。

见过体态最修长的一种鮈了，应是激流中的好手，深青色的身躯，长长的吻部，加长的背鳍与尾鳍，无不显示其湍急河谷中讨生活的资本，难怪被称之为蛇鮈。本打算带回武汉好好相处，即使开着氧棒，还未进湖北就挂了，后朋友告知，此鱼需高氧，水中置冰块兼打氧才有可能扛得住，不过估计也挺不过武汉夏季的高温。

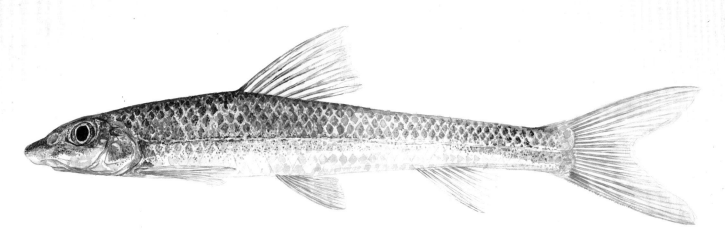

吻 鮈

Rhinogobio typus

分类地位
鲤形目（Cypriniformes）、鲤科（Cyprinidae）、吻鮈属（*Rhinogobio*）

形态特征
体长，前部呈圆筒形，后部细长。头尖，呈锥形。吻长，末端较尖，显著向前突出。口下位，马蹄形。背鳍无硬刺；侧线完全，平直。背部青灰色，腹部白色。

生活习性
生活于水体底层，主食无脊椎动物。

地理分布
长江中上游、闽江水系。

我国原生的鲶，以前水域很多，分布区域很广，体黑背一短鳍，一对长须一对短须，口大眼细，为凶猛的底栖捕食类。自引进外来鲶种后，菜市场已难见其踪影，经常碰到朋友吐槽鲶鱼的土腥气，觉得诧异，小时经常食用本地鲶，无任何调味下还是异常鲜美。现今餐馆菜市场卖的鲶全是引进种，多为六须鲶或塘鲺，以致外出餐饮从不点与鲶有关的菜肴。现今山区小城偶尔能见个一两尾，曾经自己在山间的小溪中采集过一尾幼体，确认后就放生了。

鲶

Silurus asotus

分类地位
鲶形目（Siluriformes）、鲶科（Siluridae）、鲶属（*Silurus*）

形态特征
体长，头部平扁，头后侧扁。口阔，上位，下颌突出。幼鱼期须 3 对，成鱼须 2 对。体光滑无鳞。胸鳍有一根硬刺。体呈灰褐色，具黑色斑块。

生活习性
大型鱼类。喜栖息于江河缓流水域和湖泊的中、下层。肉食性，食鱼、虾和水生昆虫。

地理分布
除青藏高原及新疆外，遍布全国各水系。

光唇鱼南北皆有分布，分化出不少区域类别，一些大体型的亦被列为食用鱼种，从成体的体型、体色、斑纹可看出区别。巫溪采集的这种，见到的朋友都看出不是普通光唇鱼，背鳍、尾鳍宽大，背青，底色泛一丝丝虹彩，身体条纹不显著，从尾部开始逐渐变淡，尾柄底色偏黄，习性还是很凶悍，领地意识强。

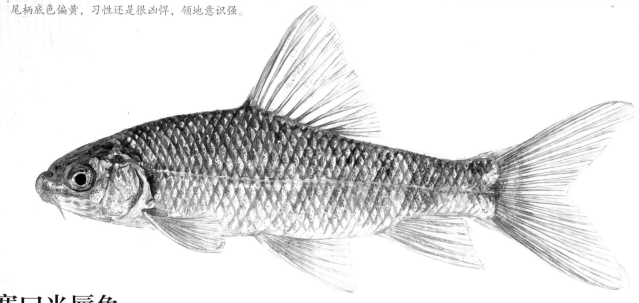

宽口光唇鱼
Acrossocheilus monticola

分类地位
鲤形目（Cypriniformes）、鲤科（Cyprinidae）、光唇鱼属（*Acrossocheilus*）

形态特征
体延长而侧扁。头后背部稍隆起。吻钝圆，稍向前突出。生活时体侧有 7 ~ 8 条垂直黑色条纹，有时不明显。尾鳍的上、下边缘黑色，中部黄绿色带灰色，末端略带浅红色。

生活习性
小型鱼类，喜栖息于石砾底质、水清流急的河溪中。常以下颌发达角质层铲食石块上的苔藓及藻类等。

地理分布
长江中上游。

峡谷深邃，河流湍急，卵石密布，见不着鱼。不少当地人，或岸边或水中，拿个小竿石缝间垂钓，他们眼里"洞洞鱼"中的"红尾巴"。红背鳍，红尾巴，黄底子上泛紫兰条纹，石缝间钻游觅食，只是吃相不雅。

红尾荷马条鳅

Homatula variegata

分类地位

鲤形目（Cypriniformes）、条鳅科（Nemacheilidae）、荷马条鳅属（*Homatula*）

形态特征

体极细长，前段近圆筒形，向后逐渐侧扁。头较小，吻锥形。口下位，口裂呈弧形。须 3 对。侧线完全，延伸至尾鳍基部。身体浅黄色或棕黄色，身体背部和两侧有 15 ～ 20 条深褐色不规则横带纹；各鳍和尾柄呈橘红色。

生活习性

中小型鱼类。喜欢石穴环境，底栖鱼类。杂食性，主食水生无脊椎动物。

地理分布

黄河支流渭河、长江中上游等。

谁丢失在峡谷激流里文胸罩（纹胸鮡），很黄很美丽，配置新月刀，胸部强力吸盘，性感小眼神，确实是激浪中的无敌小尤物。

中华纹胸鮡
Glyptothorax sinensis

分类地位

鲇形目（Siluriformes）、鮡科（Sisoridae）、纹胸鮡属（*Glyptothorax*）

形态特征

体较小，长形。头宽阔平扁，口下位，横裂。上唇具小乳突。须4对。背鳍、脂鳍处体侧各有1宽的棕黑色斑纹；各鳍上有黑灰色斑纹，尾鳍上有黑色斑点，脂鳍黄褐色，边缘为白色。

生活习性

小型鱼类，常栖息在山溪急流乱石滩中。杂食性，主食水生昆虫幼虫。

地理分布

主要分布于长江水系。国外分布于印度和缅甸。

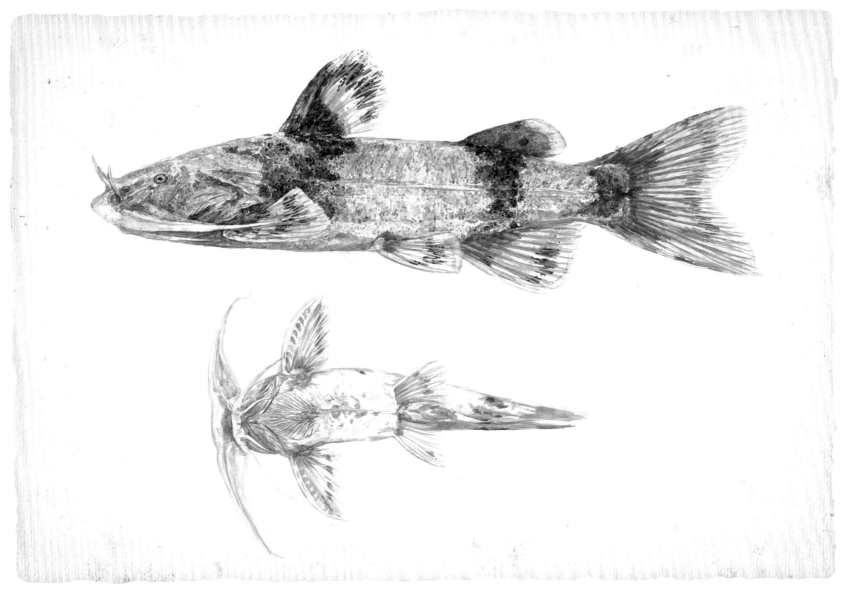

中国原生鱼水彩绘

川地多山，激流亦多，自然盛产吸鳅。最早活体也是在川地照面，救起后还未到汉就翻了肚皮，知其喜高氧，伺候难度不小，也就断了野采的念头。假期与友游妻家山水，菜市场内又见此物，救起后居然挺回了武汉，观察留影后赠有经验友者饲养，不敢留在自己的陋缸中。妻语：幼年，河里极多，趴于卵石之表，称其为趴岩子。现今数位鱼贩面盘中只觅得一尾。

四川华吸鳅 （疑似）

Sinogastromyzon szechuanensis

分类地位

鲤形目（Cypriniformes）、爬鳅科（Balitoridae）、华吸鳅属（*Sinogastromyzon*）

形态特征

体宽短，平扁，头较短小，尾柄侧扁，稍长。口裂小，弧形。臀鳍具 2 根不分支鳍条，无硬刺。尾鳍凹形。体深褐色，背部有团状斑纹，各鳍有不规则斑点。

生活习性

底栖小型鱼类，生活在水流湍急的山涧溪流。杂食性，以藻类等为食。

地理分布

我国特有鱼类，主要分布于长江上游及各支流当中。

　　妻家乡喀斯特地貌多高峡溪流溶洞，此地的鲀也长得不太寻常，即使普通白缘鲀，色泽与其他区域差别很大，整个偏橙色，以暖色基调为主，想来应该与其生境有关，可能生命周期中有部分洞穴生活史，使其呈现轻度白化状态，个人猜测。

白缘鲀
Liobagrus marginatus

分类地位

鲇形目（Siluriformes）、钝头鮠科（Amblycipitidae）、鲀属（*Liobagrus*）

形态特征

体长形，头平扁，颊部特别膨大。口端位，口裂宽大，呈横裂状。须4对，较长。眼极小，位于头侧上方。脂鳍后缘游离，不与尾鳍相连，尾鳍平截。

生活习性

小型鱼类，喜流水，多群居于洞穴或石缝中，昼伏夜出。肉食性，主食水生昆虫。

地理分布

长江中上游水系。

高山峡谷小城的溶洞暗河里瞥见的，为招揽游客，自家房子底部的一条暗河，冰凉的流水中满是大大小小肉坨坨的溪流暗河鱼类，这种体型最小，极易与最多的那种盘鮈混淆，仔细鉴别，区别不小，较喜中下层游走，尾柄相对宽硕，体型小不少，颈部后有一不显著的深色斑块，更为活泼，喂食时主动抢食，橘眼，橘色小斑点，更增加其萌态。

4 江西武宁

　　为了找三叶虫跑了不少地方，江西武宁有奥陶纪地层，依据资料显示当地出产一些三叶虫类别，与几个朋友相约专门跑了一趟，驱车在那片区域寻找露头，临行前多了个心眼儿，带了个小抄网。在深山一处洼地，大伙儿下车在崖边山体裸露的位置寻找化石的痕迹。自己寻找一番无果后，发现路的另一边，山脚密林处有流水声，闻声寻去，扒开灌木草丛，是一条极浅的溪流，连脚背都没不过，却看到了惊慌失措下鱼儿窜出的水花，下去用抄网抄了一番，网网都有鱼，可以确定是很小的鱼苗，拿出观察盒，观察拍照存留资料后，全部放回，又继续着寻虫之旅。

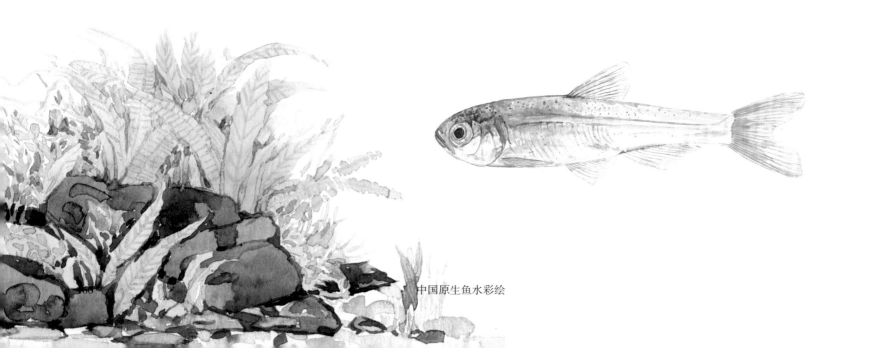

中国原生鱼水彩绘

5 湖南衡山

那年十一假期，携家人衡山小住，山川之间觅峡谷河溪，青山碧水巨石间，哗哗潺潺声，一小缕激流中采得鱼鳅无数，皆缨口鳅，其众正爬粘在水中青壁之上，欢快地啃食藻苔，不想被俗人惊扰，照面之后，速让其回归，人鳅皆释然！

Chapter 5

第五章　别篇

中国原生鱼水彩绘

因喜鱼而养鱼继而捞鱼，鱼缸配置了不少，鱼也养了数巡，却是愈养愈不想养了。毕竟山野自由之灵，因己私欲囚禁于方寸之内，虽极力伪造自然之感，能力精力有限难以完美，故此鱼缸多了，鱼却减了不少。野外采集尽量克制，不熟知能养的以最少量带回，从未网络购买，毕竟国内绝大多数为野外盗采。未能探索之地的少量几种都为爱好者赠送，或繁殖或采集，虽不熟其生境近状，但能见个表象先睹为快。本地实体店没忍住买过两次吸鳅，实在是为其吸引，又不能原生地采集，所幸总共就四五尾。如此，绘制时不敢造次，每笔每画尽量到位，以弥补心中不安。此几种集成了个别篇。

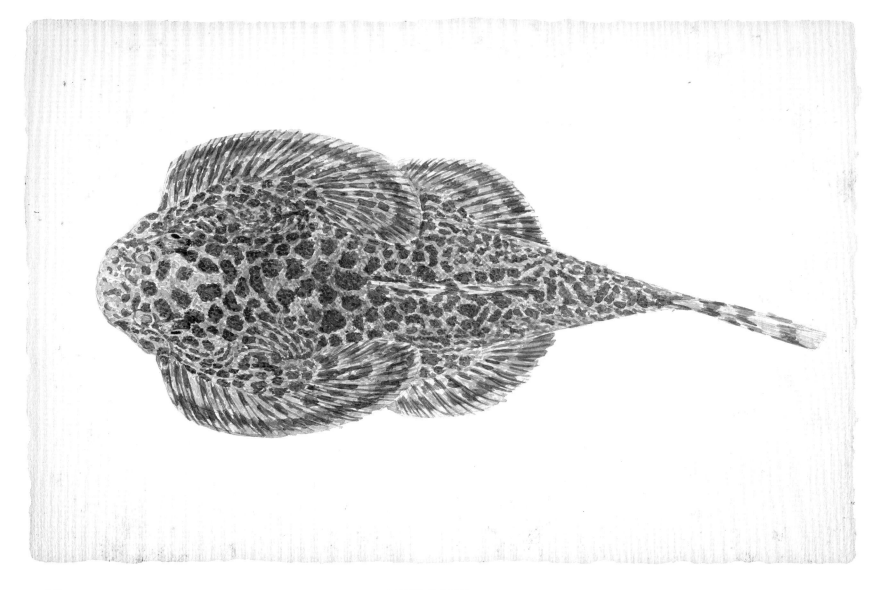

中国原生鱼水彩绘

第一次见着吸鳅是在四川境内，不免为其形态和体色所惊叹。回汉后与友聊及，才知武汉的花鸟市场偶尔也会少量出现，不过被换了个名——琵琶鱼，确实很形象，其实是有两三种吸鳅混杂在里面，只是它们之间出现的时间段是错开的。碰到最多的就是贵州爬岩鳅了，扁平如琵琶，斑纹密集，直至鱼鳍。因知其都是鱼商野外采集，碰过数次忍不住买了两次，每次只拿两尾，至今还有一尾生活在工作室的鱼缸内。

贵州爬岩鳅
Beaufortia kweichowensis

分类地位

鲤形目（Cypriniformes）、爬鳅科（Balitoridae）、爬岩鳅属（*Beaufortia*）

形态特征

体稍延长，前段较平扁，后段渐显侧扁。背缘稍隆起，腹面平坦。头较宽扁。体背侧棕褐色，腹面浅黄色，头部和体背部密布暗色小圆斑。偶鳍外缘白色，内侧有 1 弧形黑线，奇鳍均具由黑色斑点组成的条纹。

生活习性

底栖小型鱼类，喜吸附于石块上。杂食性，摄食水藻和无脊椎动物。

地理分布

主要分布于珠江水系的西江和都柳江。

很有意思，越往南，气候越温暖，生物越美丽，武汉本地的鱼儿们就长得很内敛了，偶有鱼友馈赠，也能体会体会南方的魅力。

丽纹鱲，朋友赠送，确实很丽纹，一道道的冷纹一点都不含糊，配上暖色的背、偏黄绿的腹部，不愧为澜沧江的小精灵。

丽色低线鱲

（别名：美丽真马口波鱼）

Barilius pulchellus

分类地位

鲤形目（Cypriniformes）、鲤科（Cyprinidae）、低线鱲属（*Barilius*）

形态特征

体长而侧扁，腹部圆。口端位，较大。须 2 对。胸鳍和腹鳍基部有发达的腋鳞。生殖期体色鲜艳，体侧淡金黄色；具垂直的蓝绿色斑条 7～10 条。

生活习性

小型鱼类。生活于山涧溪流中。杂食性，主食水生无脊椎动物。

地理分布

主要分布于云南澜沧江和元江水系。国外分布于柬埔寨、老挝、泰国和越南。

中国原生鱼水彩绘

花鸟市场去得很少，除非是鱼粮告罄，卖鱼之处多为锦鲤、金鱼、热带鱼，偶有一两处有极少的我国淡水鱼，除少数一两种能人工繁殖外多为野外盗捕，总是控制着自己不去关注，但好奇还是买过一两次。麦氏吸鳅一次买了两尾，未有机会野外采集观察，只好如此，其背鳍深红边缘确实是亮点，体型本身就很奇葩，圆盘样，趴于激流石壁之上，当地百姓称其为"趴岩子"。

麦氏拟腹吸鳅

Pseudogastromyzon myersi

分类地位

鲤形目（Cypriniformes）、腹吸鳅科（Gastromyzontidae）、拟腹吸鳅属（*Pseudogastromyzon*）

形态特征

体延长，头扁，吻圆钝。口下位，呈弧形。躯干黄褐色，背部有棕黑色横斑，各鳍均有由黑色斑点组成条纹，背鳍后端为红色。

生活习性

小型鱼类，喜匍匐于山溪急流的石块上生活，杂食性。

地理分布

分布于广东东江水系和九龙江。

中国原生鱼水彩绘

美丽中条鳅，早已耳闻其名，网上也见过其萌照。广州参加活动，南方的朋友相赠了一尾，饲养观察了一段时日，机警的小东西，每次喂食都是忽上忽下乱窜，抢上一口就躲进石缝中，接着再出来，小个头总是得防着被别个欺负。其体侧中部一道冷绿色的虹彩，其上覆盖一条深色横纹，绿色透过横纹显现出来，映衬着暖暖的底子，显示着其美丽之处。

美丽中条鳅

Traccatichthys pulcher

分类地位

鲤形目（Cypriniformes）、条鳅科（Nemacheilidae）、中条鳅属（*Traccatichthys*）

形态特征

须 3 对，吻须 2 对位于吻端，颌须 1 对位于口角。背部和体侧多红褐色斑块，沿侧线有 1 行呈孔雀绿的横斑条，并有亮蓝色闪光。各鳍为橘红色，尾鳍基部有 1 深褐色圆斑。

生活习性

中小型鱼类。杂食性，主食水生无脊动物。

地理分布

主要分布于珠江水系，海南也有分布。

　　鳙是本国分布最广也极具特色的类别，是不少爱鱼者的专宠，直至近几年认定有二十种左右。一向以本省周边作为主要活动范围，认识了十种左右。齐氏鳙属南方系，广东、福建一带分布。广州博览会期间，好友赠送。体型偏长，鱼鳍边缘多着柠檬黄，臀鳍边缘多出一条黑色条纹，口附对须，体多成暖色，体侧中间从尾部一条隐约的绿线至腹部消失，与本地的鳙区别甚大。

南方极为常见的小型淡水鱼，池塘沟壑河流有分布，体小色艳，如稍稍拍扁的小鲫，暖色底附小斑点，体侧中间黄绿色虹彩，红眼小须，温顺不挑食，成体五厘米的样子。数年前当地鱼友采集赠送，一直伺候至今，没出任何不良状况，倒是体微胖，有变身鲫鱼的趋势。

条纹小鲃
Puntius semifasciolatus

分类地位

鲤形目（Cypriniformes）、鲤科（Cyprinidae）、小鲃属（*Puntius*）

形态特征

体侧扁，纺锤形；头小，吻短钝。口角须1对。鳞片大。体侧有 4 ~ 6 块明显横斑及若干不规则小黑点，眼上方有红色光泽；背鳍、臀鳍边缘及尾鳍为淡橘红色。

生活习性

小型鱼类。生活于静水体，喜栖息于水渠等缓流区。杂食性，以小型无脊椎动物及丝藻等为食。

地理分布

主要分布于澜沧江、元江、珠江水系及海南和台湾。

结 语

　　喜欢山喜欢水更喜欢鱼，特别是那水中完全有异于我们的那个世界，充满着神秘，激发了强烈的好奇心，所以每到一山野之处，总是忍不住看上一番，而那水中游弋的生灵与天空中翱翔的飞鸟一般，不断地激起随意自由的幻想，家中鱼缸里与我们生活在同一片土地的生灵不停地在自己眼前演绎着这梦想，与它们的亲近，缓解与治愈着那颗被地心引力桎梏的心。了解得愈深，也让我愈是知晓了这看似自由生灵真实中的困境。水域的普遍恶化在自己成年的生涯中留下深刻的印象，山间寻探中，并无改观的水域无时无刻不在刺激着自己还略带侥幸的内心，愈是养着愈是很谨慎地对待着它们，早年的贪多贪靓，到如今时刻警醒着自己的占有私欲，想想也许可以做做别的什么，同样可以释怀这种关注与热爱，身无长物，唯有一些小技巧或许可以用上一用，出外跑跑，然后呆立鱼缸前注视，捡起弃之已久的毛笔、水和彩料，开始记录，忠实着面对着的精灵，克制着内心翻腾的表现欲，一尾一尾的来，有时间就多画画，没空时就断断续续地涂抹着，一晃几年过去了，一开始未敢示人，慢慢地熟练后，与身边的同好者分享，鱼缸里的鱼少了不少，而纸上的鱼却多了很多。未曾想如此汇集示众，朋友的鼓励，硬着头皮应允，战战兢兢的回忆，梳理着往昔与鱼的过去，艰难地敲击下，一个个的字集中如此，与积累的图一起，接受着广众的目视。示鱼赏鱼非本意，清新绚丽的水彩痕迹内是与众人分享着对这片土地的关注热爱与担忧，在用不同的方式熟悉欣赏它们时，或许能有更多的人在力所能及之中做些什么，让我们的山我们的水我们的地在本有的生机下自自然然进行下去，让同我们一起分享这片空间的生灵能继续在自然之力下繁衍生息演化下去。生活还在继续，山林水域空中的生灵们也同样继续着它们的　生，键盘敲击下，对鱼的记录也算告一段落，山林还是要去，水域还是要继续探寻，野外与鱼儿们的邂逅以及对它们的记录是生活的一部分，用自己的方式去关注着，与同样热爱这片土地的朋友们一起共勉。